视觉传达中的
版式创意设计与应用研究

吴冠聪　著

中国纺织出版社

内 容 提 要

版式设计是视觉传达设计中的重要组成部分，是按照一定的视觉表达内容的需要和审美的规律，结合各种平面设计的具体特点，运用各种视觉要素和构成要素，将各种文字图形及其他视觉形象加以组合进行表现的一种视觉传达方法。可以说，版式设计是一种艺术创造。本书对视觉传达中的版式创意设计与应用进行了系统研究，按照从总体到部分，从理论到实践的思路展开，依次论述了视觉传达与版式设计的基本理论、版式设计创意方法、版式设计要素的运用、版式设计的视觉创意，以及不同门类的版式设计实际应用等问题。本书选题立意新颖，内容科学系统，条理清晰，论述严谨，具有较强的实践指导意义，是一本值得学习研究的著作。

图书在版编目（CIP）数据

视觉传达中的版式创意设计与应用研究 / 吴冠聪著 . — 北京：中国纺织出版社，2018.7（2022.1重印）

ISBN 978-7-5180-4325-5

Ⅰ . ①视… Ⅱ . ①吴… Ⅲ . ①版式—视觉设计—研究

Ⅳ . ① TS881 ② J062

中国版本图书馆 CIP 数据核字（2017）第 282565 号

责任编辑：姚 君　　　　　　　责任印制：储志伟

中国纺织出版社出版发行

地址：北京市朝阳区百子湾东里 A407 号楼　邮政编码：100124

销售电话：010–67004422　传真：010–87155801

http://www.c–textilep.com

E-mail:faxing@e–textilep.com

中国纺织出版社天猫旗舰店

官方微博 http://www.weibo.com/2119887771

北京市金木堂数码科技有限公司印刷　　　各地新华书店经销

2018 年 7 月第 1 版　　2022 年 1 月第 12 次印刷

开本：710×1000　1/16　印张：16

字数：207 千字　　　定价：72.00 元

前　言

21 世纪是一个信息化的时代,随着社会文明与科技水平的发展,设计成为衡量一个国家和地区经济发展水平的重要标志之一。人们身处一个设计的时代,每天都要接受大量的视觉信息,设计不仅要满足人们的日常需求,还引领着文化的发展潮流,给人们精神上的满足。因此,设计师面临着越来越严峻的考验。

版式设计是视觉传达设计中的重要组成部分,是按照一定的视觉表达内容的需要和审美的规律,结合各种平面设计的具体特点,运用各种视觉要素和构成要素,将各种文字图形及其他视觉形象加以组合进行表现的一种视觉传达方法。可以说,版式设计是一种艺术创造。

版式设计越来越受到国内外设计界的关注,这与社会发展的大环境有着密切的关系。版式设计的实用性很强,现代版式设计与传统设计相比有更高的要求,必须使设计与观者之间产生和谐的对话关系,让观者产生共鸣,才是成功的设计。当前针对版面设计进行研究的论著为数不多,因此笔者撰写了《视觉传达中的版式创意设计与应用研究》一书,希望通过本书的论述,使版式设计的研究理论更加丰富,同时也为从事版式设计的专业人士及爱好者提供一些参考。

本书共有六章内容,按照从总体到部分,从理论到实践的思路展开。第一章总体论述视觉传达与版式设计的基本理论,是初窥这一领域的门径。第二章至第四章论述了版式设计的一般理论,包括版式设计的创意方法、版式设计要素的运用和版式设计的视觉创意。第五章和第六章则是针对前边的理论具体到不同门类的设计应用,包括标志版式、包装版式、招贴版式、书籍装帧版式和网页版式设计,这部分内容具有很强的实践指导意义。

本书参考借鉴了一些知名学者、前辈同行的研究成果,在此一并表示诚挚的感谢。由于本人水平有限,加之时间仓促,书中难免存在不足之处,恳请各位专家读者积极指正,本人会在日后进行完善。

编者

2017 年 9 月

目　录

第一章　视觉传达与版式设计

视觉传达设计是世界设计领域中历史悠久、影响较大、设计面广泛、变化较快,也是与人的接触最为密切、设计人员最多的一个领域。版式是视觉传达设计的重要载体,同时也是影响信息传达效果的重要因素,而因此产生的"版式视觉效应"如一股潮流,成为视觉设计中举足轻重的表现形式。本章将对视觉传达与版式设计的理论内容展开论述。

第一节　视觉传达与版式设计概述

一、视觉传达概述

(一)视觉传达的释义

视觉传达设计(Visual Communication Design)是指利用视觉符号来进行信息传达的设计。视觉传达包括"视觉符号"和"传达"这两个基本概念。所谓"视觉符号",是指人类的视觉器官——眼睛所能看到的,表现事物一定性质的符号;所谓"传达",是指信息发送者利用符号向接受者传递信息的过程。视觉传达设计的主要功能是传达信息,它凭借视觉符号进行传达,不同于靠语言进行的抽象概念的传达。视觉传达设计的过程,是设计者将思想和概念转变为视觉符号形式的过程,而对接受者来说,则是个相反的过程。

视觉传达设计体现着设计的时代特征和丰富的内涵,其领域随着科技的进步、新能源的出现和产品材料的开发应用而不断扩大,并与其他领域相互交叉,逐渐形成一个与其他视觉媒介关联并相互协作的设计新领域。

（二）心理基础与视觉传达

理解语言和视觉传达之间的关系,是设计师和插画家与目标受众沟通的重要工具。受众是一群有不同身份背景的特定的人,在市场营销中被称为一组人口统计资料。要了解其中的任何一个群体和个人,你需要考虑影响组内成员的心理基础。这些心理基础包括人们的行为模式、思维方式、感受以及它们是如何相互作用的。你需要检查上述每个环节,因为它们都与视觉传达有关。

1. 行为

行为是指一个人的行动或反应,通常是指对环境因素的反应。行为可以是无意识或有意识的,非自愿或故意的。公认的行为心理学家相信,改变一个行为需要两周时间。你可以通过简单的研究来进行测试。选择你经常使用的一种厨房用具,如一个垃圾筒,或另一件有用的对象。将它移到房间里或工作台面上不同的位置。在最初的几天里,你会注意到你的行为是先去原来的位置。几天后,你会常去新的位置。最终,你会改变行为方式,因为你训练自己适应去新的位置。追踪记录你不由自主地选择新位置的次数。这个例子强调行为如何可以被培养成为习惯,以及如何改变你的意图(即把物体移动到一个新地方),可以改变你使用对象的行为关系。

行为结果,或预期的响应,在打算说服受众的传达设计中是一个关键的方面。图1-1所示是一张讽刺性的反战海报设计。它向观众提出可以替代战争的其他行为。象形图像也对建设性与破坏性行为做了明显的对比。知道一个人或群体的行为模式,是确定市场创意和概念的关键信息。这就是在日间投放针对老年人的健康医疗电视广告,在特定的体育赛事中投放啤酒和汽车广告的原因。

图1-1 反战争海报设计

2. 思想

思想（thinking）是认知的另一个词。认知（Cognition）这个术语，来自拉丁语的我思（Cogito），就是"想（to think）"。认知是指一个人的心理过程，对信息的处理和智力的理解或感悟。思维或认知意识可以涉及学习或获取知识的过程。传达设计涉及需要推理、行动或处理信息的语言含义和视觉图像。当一个设计要求认知能力时，区分的能力是做出审美选择并安排和呈现整体设计的关键。如图1-2所示，信息图形需要人们的感官认知。图表和图形展示需要分析推理过程的信息。这种设计，表现了制定法律的复杂流程，通过模仿棋盘游戏友好的外观，用有趣的图形展示丰富多彩的可视化过程。

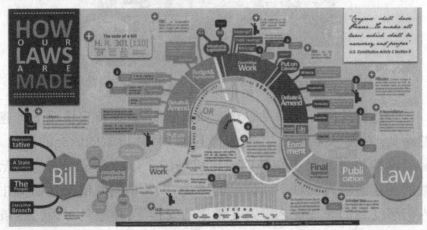

图1-2 信息图形

书籍设计、互动信息设计、教学展示和展览必须在设计时想到吸引观众的认知意识。

3. 感觉

感觉是产生心理变化的情感表达。情绪包括焦虑、愤怒、高兴、喜悦、仇恨或同情。感觉还可被认为是与触觉、视觉感知、嗅觉感知、听觉感知，甚至味觉有关的感觉。当然，平面设计师主要感兴趣的是视觉感知，尤其是当它涉及受众的情绪反应时，图像有召唤孤独、欢乐、蔑视的感情和宁静的能力。某些形状和颜色会引起特别的情绪反应。如图 1-3 所示为丝网印刷的招贴艺术，通过鲜活的颜色与图形及特定的尺寸来激发感官的媒介。这张招贴宣传的是独立摇滚乐——壁花乐队，一位女性形象、鱼和花朵静静地漂浮在水面。俏皮的画面组合，似乎激发了观者的听觉和触觉感受，用图形呈现出漂浮、失重和释放的感觉。整体柔和的淡蓝色调和红色橙色图形元素的对比配色方案，增强了设计师想要达到的视觉效果。

图 1-3　丝网印刷的招贴艺术

传达设计师可以预见观众会如何感受，或在特定情况下普遍的感觉。在游乐园里的人，通常有不同于团体诗歌朗诵会的感觉。易趣网购物者和漫步在外国城市机场的个体心态是不同的。无数的场景影响人们对不同情况的感受，以及不同的情况是如何让人们感受到的。视觉艺术家在特定的安排下，用颜色、形状、线条和材质将情绪或情感传达给他们的受众。

4. 互动

人们互动的方式和动机是很复杂的。社会学家和心理学家通过研究人际互动的现象，来了解社会结构的动态变化及个体在这些结构中的关系。人们平时要经历大量的社交活动，包括每天与邻居交谈、去市场购物、参加教会活动、参与团队体育活动、参加娱乐活动、工作或去上学。当人们相互影响时，他们参与到象征性地为他们的生活提供意义和目的的社会结构当中。赫伯特·布鲁默是一位社会心理学家，研究社会交往过程，因发明象征性互动理念而闻名。象征性互动是形成含义的过程，支持个人身份的形成与人的社会化。布鲁默确定了象征性互动理论的三个核心原则：含义、语言与思想。含义是他论文的核心。人们如何与别人或对象发生互动，是基于他对别人或对象的定义来决定的。语言，字面语言和视觉语言，为人们提供一种用符号来表达含义的方法；思想则为人们诠释和重新解读符号提供了心理建构。布鲁默的作品明显地与视觉传达的形式原则有联系。

与一个群体（一个受众）沟通，你需要知道该群体的结构、目的和个体的个人资料。例如，初级设计课的老师需要知道学生的技能水平、兴趣水平、能力水平，以及学生对学科的关注与熟悉程度，从而使准备和教学课程有的放矢。为了创造成功的和有效的设计作品，城市公园信号系统的设计师必须考虑人们在这种环境中独特的互动方式。

二、版式设计概述

（一）版式设计的释义

在平面设计中，版式是在有限空间载体里，通过整理配置具象视觉要素所形成的一种布局构成形式，这些视觉要素包含着丰富的信息内容，表达特定的意，甚至能体现出特殊的民族或个人艺术特色。版式是以传达准确的信息为目的的。

　　版式借助媒介形象的传播以多元化、多维度、多层次的视觉方式呈现在我们面前，它主要涉及广告招贴、出版物、包装、型录手册、CI 等与大批量印刷生产相关联的平面设计，直接面向大众，几乎无处不在。版式是视觉信息的重要载体形式，它的功能远远超过了艺术审美。对版式进行设计的重要意义在于能够将固化的文本格式，根据内容、目标、功能和创意的要求进行选择和加工，并运用造型要素及形式原理，将构思与计划在有限的空间内进行视觉元素有机排列组合。因为当泛滥的信息不断叠加，受众需要选择的信息越来越多元，接受和消化信息的耐心也急剧下降，只有好的版式才能让信息本身"活跃"起来，才能够在最快时间让受众快速理解版式传达的意图，从中得到自己想要了解的内容。当今的设计师充分意识到了版式在这方面所具有的巨大潜力，他们努力工作的目的就是不断追求用理性和科学的手段来正确地传达信息。他们不断审视信息如何转化成为平面媒体版式中视觉元素的识别过程，想方设法凸显重要信息，使其成为视觉亮点，在保证视觉有效沟通的同时，甚至还要千方百计增强版面的阅读感染力，使受众在阅读信息时能与之产生良好的互动。

　　综上所述，我们对现代版式设计的界定可以得到如下几个结论：

　　（1）版式设计是一种以信息传达为目的、有计划的平面视觉展示，是现代设计艺术的重要组成部分。

　　（2）版式设计并非个人和艺术的自我表现活动，而是互动的和社会的信息传播活动。

　　（3）版式设计并不是独立存在的，而是受主题内容影响和各种视觉元素参与作用下产生的。

　　（4）版式设计主要解决设计工作中常出现的实用性与审美性的需求，达到形式与内容的统一。主要目的是展示视觉化的和文字性的信息，使读者能轻松地获取所有的信息，达到与媒介的充分交流互动。

（二）版式与绘画构图的联系与区别

版式与艺术绘画中的构图有什么联系与区别呢？构图是绘画的语言，版式是视觉传达设计的语言。它们都以造型以及造型之间的关系为依托，同样遵循艺术表现上的基本形式美法则，如视觉原理、美学原理。它们的区别主要体现在以下几个方面。

（1）它们的载体功能不同。绘画构图是画家借以抒发个人思想、情感的载体，创造构图的方式是围绕艺术家的主观意愿。追求自由审美，通过安排和处理人物的关系与位置，把个别或局部的形象组成绘画的整体。而版式设计则是信息发出者在解决信息传播的问题，即通过何种方法，用什么传播渠道能流畅地传达信息给受众，信息达到受众那里会收获怎样的效果。艺术的审美、创意形式等都要为这一目的而服务。版式设计是在受众与信息之间搭建互动的桥梁。信息发出者（设计师）对被传达的信息材料进行筛选、编辑，并运用图形、文字、色彩工艺等要素进行综合设计使之转换为信息符码，并以媒介为载体将信息传递给受众，受众将符码解读为信息。但是，在媒介信息影响效果的研究中，有学者发现非言语性要素占据了整体影响力的93％，其中视觉就占55％，而语言性的要素只占不到10％的比例，因此得出结论，相对于文字信息而言，对视觉方向的研究应该是版式设计的重中之重。

（2）通过版式在传播过程中收获的效果和绘画构图是截然不同的。美国传播学者格伯纳指出："传播是人们通过信息而进行的社会互动及其过程。"并且在传统的传播理论中，互动是讯息接受者对于讯息内容传递者所产生的回馈。因此，版式设计作为信息传播的载体形式之一，在传播效果方面首先要引导受众很好地进行阅读并理解其意义，然后还要通过美的感动达到取悦、共鸣与互动的效果。否则，就只能称其为美术构图了（图1-4）。

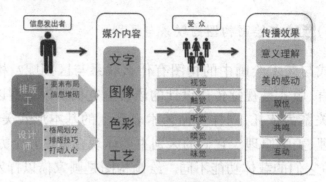

图 1-4　版式与信息传播

　　版式中信息传播的互动效果还体现在人们实质性地参与到信息传播过程中,给交流活动带来质的变化。所以,一个好的设计师做的版式要能够吸引受众、打动受众,使受众认可接受的信息布局。正如约翰·里昂斯在谈到设计师职责时曾经说过:"每个美术设计师面临的问题并不是能否画得好,而是把版面布局好。"对于一幅广告来说,设计者花费了大量的艺术手绘创作和创意表现一个主题或场景。然而,在追求可视性的同时,作者对主题内容的陈述展示方式却未精心考虑,在消费者或受众看来这样的画面往往十分费解,或是让观者在理解上产生歧义。而经过了版式设计的作品传递出的信息往往传播效果更为理想。如图1-5所示,单纯的绘画构图只能使作品具有可视性。经过介入文字内容等相关视觉元素的有效配置后形成的版式,才能使得图形语义信息传达诉求变得更为准确。

图 1-5　绘画构图与版式设计

　　所以,构图可以使作品具有可视性,但是版式设计不仅要有可视性,更要具有可读性,要在有条理的传递信息的前提下,让受众能对信息产生共鸣与互动,调动起受众的激情与感受。也正因如此,在版式设计过程中我们绝对不能只从个人和技术审美的角度去衡量一个设计行为。而且,应该时刻记住版式传达信息的正确性永远是第一位的。总而言之,版式以其视觉性、符号性、情感性向读者传播信息并灌输品牌的影响力。如果在充分认识排版与设计两项工作不同意义的基础上,通过排版技巧、格局划分打动受众的视觉、触觉等感官,就能产生好的版式作品。

第二节　版式设计的发展体系

一、版式设计在西方的发展

(一)中世纪的版式设计

　　在中国的造纸技术尚未传入以前,西方的平面设计主要体现在各种手工绘制和抄录的宗教书籍中。中世纪时期(476—1640),欧洲人大多在珍贵的羊皮或牛皮纸上进行书写并制成书籍。当时用动物皮制成的书写材料价格昂贵,制作周期长,不可能大批量生产,这也是在那时很多孤本产生的原因之一。

　　羊皮纸常用金银色颜料绘制各种精美的图案、风景与文字,装饰唯美,刻画细致,具有极高的艺术价值。图1-6所示为欧洲中世纪精美的手抄本,手抄本内页版面编排有时会有框边风格,第一个字母都是大写体,会采用花叶动物等作辅助装饰,色彩运用丰富,图案精美,内容大部分以叙述宗教故事为主。那时,还有一种手抄材料为陶器碎片,面积窄长,这种材料比较便宜,但只能作为收据或便条。

图 1-7 所示为中世纪手抄本《凯兰书卷》①，它是在 8 世纪后期至 9 世纪早期带手抄本装饰画版本的福音书，是华美的爱尔兰—撒克逊风格的代表性杰作。此书的版面编排特点是采用几何设计而不是自然主义的重现，彩色和复杂交错的图形奢华美丽，代表着当时手工编排的最高水平。

图 1-6 欧洲中世纪精美的手抄本

图 1-7《凯兰书卷》

版面编排设计的发展离不开造纸术的广泛传播与印刷技术的改良。在文艺复兴的初期，德国人约翰内斯·谷登堡（Johannes Gutenberg）改进了金属活字印刷技术，使得大批量、低成本的印

---

① 《凯兰书卷》(Book Of Kells) 是装饰精美的拉丁福音书手稿，发现于凯兰的一个古代修道院中。凯兰是爱尔兰米斯郡的市区。《凯兰书卷》大概著于 8 世纪，被认为是凯尔特插图的典范。该书原为一卷，但是 1953 年被重新装订为四卷。现保存在都柏林三一学院图书馆内。《凯兰书卷》包含关于爱尔兰地方历史的记录。

刷变为现实,也为大众性的阅读提供了必要的前提条件,为近现代版面编排设计的发展奠定了坚实的基础。

(二)古典主义时期的版式

古典主义版式设计视觉风格的特点是:以订口为轴心左右两面对称,字距、行距具有统一尺寸标准,天头、地脚、订口、翻口均按照一定的比例关系组成一个保护性框子,正文段落普遍呈现出典雅、均衡对称的分栏形式(图1-8)。

古典主义时期始于手抄书籍、木刻版本为载体的版式,那时的宗教手抄本版面上的布局要求越来越考究,注重版式的装饰审美。对重要标题反复进行插图装饰并且与字体风格契合。图1-9所示为1558年法国里昂印刷家让·德·图涅斯设计的《圣经》的书名页。古典主义时期的版式还受到欧洲文艺复兴中自然科学技术的影响,如法国最杰出的设计师乔弗雷·托利开创了字体比例研究的先河。他运用严谨的数学计算方法来设计字母的比例,使字体更加适合阅读。阿伯里奇·丢勒在他的《运用尺度设计艺术的课程》一书中指出在版面设计形式上采用模数设计手段统一字体,从而使字体排版趋于理性化、秩序化。他设计的版面,插图精美,编排上文字和图形的关系疏密得当,紧凑有致(图1-10)。

图1-8 古典主义版式

图1-9 《圣经》

图 1-10　阿伯里奇·丢勒设计的古典版式

　　维多利亚风格是 19 世纪英国维多利亚女王在位期间（1837—1901）形成的艺术复辟风格，它重新诠释了古典的意义，扬弃机械理性的美学，喜欢对装饰元素进行自由组合，很难对其进行准确分类。它其实包括了各种装饰元素、样式的混合和没有明显样式基础的创新装饰的运用。图 1-11 所示为 1864 年亚当斯设计的《哈泼版插图本圣经》中的一页，改变了原来圣经设计的格调面貌。

图 1-11　维多利亚风格的版式设计

　　维多利亚风格虽然拥有很高的艺术观赏性，但过于奢华造作。在这种尴尬的局面下，19 世纪下半叶起源于英国的工艺美术运动给后来的设计家们提供了崭新的设计理念与风格参考，进行了与以往设计运动不同的新尝试，也给当时的版面设计带来了巨大的影响。

（三）工艺美术运动

　　1856 年的工艺美术运动是第一次提出反对继工业革命以来工业设计上的丑陋、工艺上的粗糙和维多利亚时期烦琐的设计运动，被称为现代设计之父的威廉·莫里斯是古典主义时期平面设计风格的代表人物，而延续其风格的印刷物版式特点是哥特风格的字体、丰富的纹样，在平面空间组织上通过一定的规律结合灵活多变、彼此穿插，重视装饰细节且不烦琐、不粗糙、不丑陋，整体看起来庄重而统一。图 1-12 所示为威廉·莫里斯和凯尔姆斯科特·普莱特设计的书籍内页版式，设计多采用植物、鸟类等作为封面与内页插图的基本图案，图文结合自然流畅，色调清新唯美。

图 1-12　书籍内页版式

　　虽然工艺美术运动有一定的历史局限性，但是"美与技术结合"原则的提出，在世界工业设计史上起到了相当重要的作用，这一时期的版面编排设计也形成了较为明显的风格与特征，如将几何图形置入画面并对版面进行有序分割，将文字与柔美的装饰花纹紧密排列，这种类型的编排构图形式被日后的许多设计家广泛借鉴采用。

（四）新艺术运动

　　新艺术运动是 19 世纪末、20 世纪初在欧洲与美国产生和发展起来的一次影响巨大的设计运动，延续时间达几十年，涉及建筑、家具、产品、首饰、服装、书籍插图等众多领域。与工艺美术运动相比，新艺术运动完全放弃任何一种传统的风格，走向自然，强调有机形态的运用，突出装饰性与象征性。

"新艺术"运动时期，以现代海报之父朱尔斯·谢雷特、亨利图卢兹·劳德雷克、奥布利·毕阿莱兹阿尔冯斯·穆夏、阿瑟·马可穆多等艺术家为代表的平面版式作品特点尤为突出。版式中传统风格被摒弃，装饰构成感强烈，色彩的重要性被强调，且幽默、夸张的图像形态非常惹人注目，还注重图像与文字的形态在版面空间中的相互关系，字随形走。整体版式既有结构功能又有装饰审美意义。还有"新艺术"中的维也纳分离派推陈出新的版式是以严谨整洁和严肃规范、简洁淡雅视觉装饰特点为主，并开始呈现出现代主义设计的理性布局结构。图 1-13 所示为现代主义初露端倪的维也纳分离画派展览图录的封面版式。

图 1-13　封面版式设计

新艺术运动对当时西方平面设计的发展起到了一定的推动作用，其中广告画明显受到日本浮世绘风格的影响，设计简洁明快、主题鲜明。图 1-14 所示为奥布利·毕阿莱兹阿尔冯斯·穆夏设计的海报。穆夏的作品具有鲜明的新艺术运动特征，也有强烈的个人特点，他创作了大量的海报、广告和书籍的插画，同时从事珠宝、地毯、壁纸及剧场摆设等设计。在其作品中常出现美丽的女人穿着带有新古典主义的长袍，四周围绕着丰富的花卉图案，在女人的头后方常会有光环。

到了该运动的中期，风格趋向平稳、平面化，大量的曲线图案被用来分割画面或者用于支持背景,层次感分明,形成了这一时期所特有的版面设计形式。图 1–15 所示为马可穆多为《伦斯市教会》设计的封面。此封面图形采用线形植物图案,文字穿插巧妙,堪称新艺术运动时期平面设计领域的代表作。

新艺术运动后期,版面的编排处理更加倾向于简练化、几何化,从色彩、文字、图形的组织处理上,可以体会到设计师们想缓解工业技术与设计之间的矛盾而做出的努力。

图 1-14　穆夏设计的海报　　　图 1-15　马可穆多设计的封面

（五）现代主义时期的版式

现代艺术时期,各种艺术运动都带来了新的思维方式,进一步影响了艺术创作的手段。俄国构成主义、荷兰的风格派、德国包豪斯、瑞士现代主义等主流设计思想对现代主义设计的思维方式和理论方向起着基础性作用,它们影响着版式设计的发展道路,并在商业设计中得以体现。

1.构成主义

构成主义的视觉风格特点是实用性、简洁,设计形式多变。由于受到立体主义创作思维的影响,构成主义在平面设计中对形态、空间形式、结构等元素进行理性的分析与组合。在构成主义看来,设计应该有实用性和明确的目标与服务对象,设计形式要简洁、实用、多变,反对无内容的艺术形式,反对烦琐、杂乱与浪费,反对纯形式的绘画,主张版式的非对称的视觉平衡形式,设计着重于形态美、节奏美和抽象美。在版式设计手法上力图提取几何元素作为形态造型手段,文字多采用无饰线字体,将抽象的几何图形与文字等元素进行构成设计。构成主义设计大师李茨斯基为了发扬构成主义设计思想创办了杂志《主题》,杂志的版式设计清晰,有视觉张力,创作方法理性,用抽象的手段将各元素转化为简单的几何图形,对这些图形进行分割、组织排列,版面空间出现了横纵穿插多种排列方法,使版式具有方向感与生命活力。图1-16 所示为李茨斯基设计的构成主义杂志封面作品《主题》;图1-17 所示为李茨斯基设计构成主义的海报,该海报集拼贴、构成主义、未来主义等手法于一体。

图 1-16　杂志封面　　　　图 1-17　海报设计

2. 荷兰风格主义

同样受到立体主义的影响,荷兰风格主义在设计中使用的大多是严密的几何化的文本组织样式,反复运用纵横几何结构和基本原色、中性色。设计师把具象的特征完全剥除,变成最基本的几何结构单体,并把这些几何结构单体进行组合,形成简单的结构组合。但是,在新的结构组合当中,单体依然保持相对独立性和鲜明的可视性,作品整体呈现非对称均衡、简单、稳重并且富有变化,视觉风格呈现理性、秩序感。如图 1-18 所示为凡·杜斯伯格设计的《风格》杂志版式,图 1-19 所示为库尔特·斯克维塔斯设计的《稻草人》杂志版式,这些杂志版式完全体现了荷兰风格派的创作特点。

图 1-18 《风格》杂志版式

图 1-19 《稻草人》杂志版式

由此可见,风格派的艺术家们对版面空间的理性设计是通过事物表面研究内在规律,看似简单的纵横非对称式版面编排实则是设计通过数学计算的方法进行划分。这对版式设计的发展产生了巨大的推动作用。

3.包豪斯与新平面

包豪斯是现代设计最为重要的教学与研究机构,这个时期的版面注重字体的设计与应用,突出了早期现代主义简洁、理性、秩序视觉审美的特点,突出的代表性设计家有李辛斯基、赫伯特·拜耶、莫霍利·纳吉、约斯特·斯密特。图 1-20 所示为1926 年赫伯特·拜耶为康定斯基 60 寿辰设计的德绍展览会海报;图 1-21 所示为莫霍利·纳吉设计的包豪斯展览目录页面版式,标题文字译为"魏玛国立包豪斯 1919—1923";图 1-22 所示为约斯特·斯密特设计于 1926 年设计的封面版式,造型着力于几何形式组合,形成了视觉符号语言;图 1-23 所示为赫伯特·拜耶设计的海报。包豪斯运用网格技术对版面进行划分的理性设计体系和方法对于版式设计上的秩序起着重要的规范作用,并为网格设计的国际主义风格最终形成打下基础。德国人简·奇措德作为非对称及网格构成的倡导者,他提出网格形式必须为内容服务,在他看来,运用网格手段是传达信息的一个环节和过程,即要根据信息的意义来进行版面构成,这样才能获得新时代的自由。留白、文字的间距以及文字的走向是设计考量的基础。

图 1-20　展览会海报　　　图 1-21　目录页面版式

图 1-22　封面版式设计

图 1-23　《包豪斯展览》海报设计

4."瑞士派"国际主义风格

瑞士国际主义平面设计风格是在现代主义前期发展基础上逐渐形成的,又被称为"井然有序的国际格子风格"。设计家基于严谨的数学度量及空间划分的思维把版面纵横分割出一系列分界骨骼线和模块,这为插图、照片、标志等要素放置打下了良好的基础,几何公式化的标准编排形成简洁的形式和准确的主次信息视觉差异,方格中的空白与有形要素具有同等的功能,版面清晰明了,阅读变得更加容易,既有高度的视觉传达功能,又有强烈的秩序感。起初在 20 世纪初的探索是马蒂厄·劳威里克斯对圆形和方形分割、重复、交叉所形成系列成比例的网格,经过设计家们不断大规模的实践整合,一直到 20 世纪 50 年代在瑞士苏黎世和巴塞尔被统一规范形成了标准化版式结构系统并影响到世界各国。图 1-24 所示为马蒂厄·劳威里克斯用正方形切割圆形,产生一系列成比例的网格图解。

汉斯·诺布尔格的《新平面设计》杂志是国际主义版式风格最典型的代表(图 1-25),也是瑞士设计家推广国际主义风格的专业设计刊物。该杂志网格系统包含四个竖向的栏及三个横向域,自然而然地产生模块,所有的内容都可以严格遵循这个模块编排进网格。这个时期核心的代表人物有米勒·布鲁克曼、汉斯·诺布尔格、艾米尔·鲁德。直到现在,国际主义风格依然在世界各地的平面设计中不断被应用。图 1-26 所示为米勒·布鲁克曼于 1962 年设定的平面设计中的矩阵网格系统。

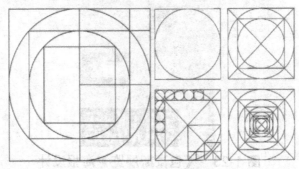

图 1-24　网格图解

图 1-25　《新平面设计》

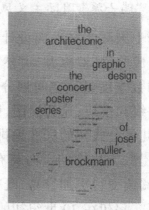

图 1-26　矩阵网格系统

（六）自由版式

当西方社会经过二次世界大战后，理性主义的设计占据主导，冷漠化与国际化的网格使全世界的设计师都朝着统一模式化迈进，西方开始对自由版式有了新的思考。自由版式是一种洒脱、自由的设计形式，受到具有反叛精神的未来主义、达达主义和后现代主义的混杂风格的持续影响，视觉特点在于弥补理性设计在感官上的不足，展现了新时代的审美新需求。尤其是在计算机制版技术普及之后，审美情趣国际化倾向更加明显。

未来主义的版式设计提倡"自由文字"的原则，传统的排版模式被彻底推翻,文字不再是规整统一的横纵排列,文字可以组成图形,各种自由的形式被安排在版面上,传达性不再是版面的第一需求,通过无束缚的形式展现主题与思想才是最重要的;达达主义在版面中采用拼贴、蒙太奇等方法进行创作,把文字、插图作为游戏的元素,突破传统的版面设计,强调偶然性,呈无规律的自由状态;荷兰独立派自由版式设计将版面元素文字、插图的组织方式、字体装饰符号等统统视为可用的材料,图片以形态剪裁出来加以利用,在形与形、图与文字中有机穿插,形成一定的受力关系并组合安装,使之变成一个完整的有机体(图1-27、图1-28)。这些版式的艺术风格突破了人们原来对版式设计的认识和传统设计的界限,开创了划时代的"自由"新观念。自由版式对于设计者的经验和艺术素养有着很高的要求,设计师必须结合主题合理安排视觉元素以避免"自由"带来的视觉混乱。零乱、烦琐、无逻辑的视觉形态使得一般普通读者难以接受这样的设计形式。正如美国现代自由版式设计家戴维·卡森的作品中字体和书写的规律被改变,但无一不透露出他的思维探索和尝试。在他看来如果设计师能够为作品带入一些视觉的独特性,那么作品也一定会更有趣。

图1-27　达达主义流派封面版式　　　　图1-28　自由版式

总而言之,现代意义上的自由版式视觉风格普遍呈现出的共性规律可总结为:①版心无疆界性;②字图一体性;③解构性;④局部的非阅读性;⑤字体的多变性。

这些规律产生了多元素的复合创意,在设定的版面上具有开放性、时效性和空间性特点,营造出新的意念与想象空间,在短时间内抓住观者的视线,完成信息传递。

二、版式设计在中国的发展

(一)古代版式设计

我国古代版面编排设计的主要应用可分为三大类,分别是图版书籍类、广告纸币类与符印纸马类,具有以下几个鲜明的特征。

1. 从右至左,由上而下

中国的汉字,经过几千年的发展演变仍然归属于象形文字体例,与西方差别迥异,其文字的图符性没有根本变更。古代汉字的书写顺序为从右至左、由上而下,使得相应的版面安排、组织方式均吻合这种书写阅读的习惯。例如图 1-29 所示为西汉《劳边使者过界中费》册,古代简册的最后一根叫"尾简",在收卷时以简尾为中轴,自左向右收卷。

图 1-29　西汉《劳边使者过界中费》册

我国古代广告中图文组合就多为竖向贯通、右左相连的画面分割方式。中国古文正规的书写规范是:竖书成行,自上而下写满一行后,再自右向左换行。历史上除正规的竖写方式外,偶尔也见有横写的,例如对联中的横幅必须横写。

2.均衡稳定,构图饱满

我国古代的版面编排条理清晰,画面图文组织穿插均具平衡稳定之感,结构力求严谨。此外,版面的布局十分饱满,强调空间的充分利用,注重画面中"天"与"地"的贯通、"方"与"圆"的搭配、"满"与"缺"的调和。比较有代表性的版面编排风格为撑天式、立地式、中垂式、支角式、倚靠式、悬挂式、围合式等。图1-30所示为南宋纸币"行在会子库",纸币版面分隔为上、中、下三个区域,主标题置于中部,大气醒目,与细致精美的插图交相呼应,显示出古人不凡的版面编排能力。

图1-31所示为《耕织图》,金属版印刷在清代日益流行,作品精致细腻。此图例文上图下,图中有文,穿插巧妙。图与文字间面积对比强烈而富有跳跃感,大气之余透露着几分轻松的情趣。

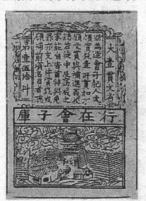

图1-30　南宋纸币

图1-31　《耕织图》

3.木刻插图,形态质朴

中国四大发明中造纸术与印刷术的发展,加速了文字、图形信息的流通传播,也形成了特有的装订形式和版面风格。唐朝时期,出现了运用木版雕刻印制的印刷品,其中现存于大英图书馆的公元868年印制的《金刚般若经》是其代表作品。图1-32所示为《金刚般若经》卷首扉页画《祇树给孤独园》。《金刚般若经》卷轴全长5米,由7张纸拼接而成,在全书的第一页绘有佛教图案。此图即为《金刚般若经》的开始部分。

图 1-32　《金刚般若经》

从唐朝之后到清朝末年,我国古代的书籍、年画、包装及其他印刷品大都以木刻印刷为主,绘刻印刷的工具、材质决定了印刷品的风格特征。组成图形与文字的线条质朴浑厚、造型自然生动,均流露出富有生活情趣的审美意味。如清代桃花坞、杨柳青等为代表的民间年画风格,构图强调平面化与装饰性,造型生动。图1-33 所示为凤翔木版年画,从画墨线稿、贴版到刻套色版、印刷,至少要十三道工序。

图 1-33　凤翔木版年画

(二)近代以来的中国版式设计

1840 年的鸦片战争叩开了中国闭关自守的大门,随着西方殖民者的经济侵略,洋商洋货源源不断地涌入中国,现代意义上的商业设计如商业广告等便开始传入中国上海等地并很快兴旺发展起来,这给延续已久的中国设计包括版面编排设计带来了巨大的冲击与影响。中英文并置排列、装饰图形的风格多元化、文字字体设计的创新等无不折射出西方文化对传统中国设计潜移默化的渗透。图1-34 所示为老上海广告中的中英文并置排列。国外厂商早期在中国进行的产品广告中多采用西方人熟悉的形象作为图形主体,如图中的爱神丘比特。不过这种定位并没有产生十分理想的效果。图1-35 所示为20世纪30年代可口可乐公司根据中国市场的具体需求,从产品的汉语译名到字体的排列组合都进行了精心的设计。

图1-34 老上海广告　　图1-35 可口可乐饮料广告

　　当时外国厂商聘请中国画师设计的"月份牌"画,画面除了商品宣传外,表现的大都是中国传统题材的形象,或中国传统山水,或仕女人物,或戏曲故事场面等。后来则发展为画面以表现时装美女为主要形象,并且大都用技术更为先进的铜版纸以胶版彩色精印,随出售商品免费赠送顾客,广受欢迎(图1-36)。

　　辛亥革命后,一批先进的知识分子开始寻求救国救民的新出路,1915 年至1923 年由李大钊、胡适、鲁迅等人发起的"新文化运动"崇尚科学、反对封建迷信并猛烈抨击几千年封建思想。胡适先生倡导了白话文的运动并在全国产生了极大的影响,此后我国的印刷和阅读习惯也产生了较大转变。

图 1-36　上海"月份牌"商品广告

　　为适应西文编排,逐渐出现了横排的报刊图书,但是汉字主流仍为竖排,新中国成立后的文字改革彻底把汉字变为横排。汉字由竖排变为横排的转变,直接影响了我国版面中视觉元素的组织编排和整体布局。图1-37所示为《红岩》封面设计。封面、封底、背脊作为整体来设计编排,版面层次感强,体现出了革命的激情。

图 1-37　《红岩》封面设计

第三节　视觉传达中版式设计的任务与价值

一、版式设计的任务

　　随着印刷术和照排机的产生与广泛应用,版式设计也不断发展和成熟。印刷技术的进步把设计师从以往铅字排版的局限中解放出来,印刷与编排的计算机辅助设计系统的使用使设计师更自由灵活地张开想象的翅膀。

版式设计的任务一是信息发布的载体,二是让读者在浏览版面的内容同时产生美的愉悦感与共鸣,从而使设计作品的观念与艺术在不知不觉中进入读者的心灵。版面版式设计的目的,就是对各种主题内容的版面格式进行艺术化和秩序化的编排处理。

版式设计在传统观念中,被认为只是一种技术工作,排版设计只要规定一种格式进行操作即可。报纸、书刊等需要排版的工作都由排版工来完成,在版面上放上字体无所谓什么设计。在很长一段时间里,版式设计得不到重视,长期忽视整体设计,而仅仅只在图片和图形上作文章。这种保守的、落伍的设计方法,严重禁锢了人们的思想,阻碍着版面艺术的发展。

实际上,版面不是单纯的技术编排,而是技术与艺术的统一体。版面的版式设计不能脱离内容,也不能仅仅为了追求形式上的美感。版面的形式评价也不是以单纯的美术创作概念去判定的,而是要以对信息的传播效率的高低做为评判标准。如果整个版面设计的形式与内容不符合,甚至削弱需要传播的内容或者主题,就不能称之为成功的编排。相反,好的版面设计应该是对其内容起辅助作用,提高版面信息的传达,使版面的功能和艺术性都得到充分的体现。版面编排设计是艺术,但是不能仅仅为了艺术而艺术,为了形式而形式,版面设计的目的必须具有功能的基础。

二、版式设计的价值

(一)阅读功能价值

版式设计的功能评价由两个方面组成。一个方面是版式信息的流畅性。要从受众和客户的角度考虑版式信息是否看上去工整,是否能高效率地阅读,是否读过之后能够受到视觉刺激,是否能从信息中有所收获。这就要求设计师在了解媒介特征的基础上不能光"凭感觉"对信息进行拼凑，要研究与受众视知觉紧密联系的图文搭配比例在版面空间布局的合理性、版式空间结构的科学性、视觉流程的清晰性、空间视觉层次的阅读舒适性等，另一个方面是版式传达内容的主题信息意识。主题意识往往反映的是设计思维。先有思想，而后才有行动。设计思维是指导设计活动的前提条件，人们解读设计作品的能力是建立在主体思维基础上的视觉引导，受众凭这第一印象，决定要不要进一步接收这一设计提供的视觉信息。

（二）形式价值

版式设计形式需要考察版式空间中各种抽象形态和具象元素。通过彼此间的作用所形成的视觉形式来判断版式的美学品质。由于这些因素的关系相互交织，共同组成版面的整体形式，因此我们既要逐一进行分析评估，又要衡量它们整体的构成效果。另外，在评价中将评价客体与一些公认的优秀作品进行比较，以获得更加客观的判断。

（三）工艺价值

版式设计的工艺价值可以从版式材质与印刷工艺的角度进行评价。

合适的材质可以较好地体现版式的主题和引发受众心理反应。在方法上可以根据相应的标准和规范，结合实际的统计数据，进行定量分析和比较分析，以获得生态价值的客观判断。

（四）情感价值

每个版式空间都有其各自的功能特征，并传达给受众特定的情感隐喻和心理暗示。因此，版式空间的语言能否表达出某种特定的设计意图，使人们产生某种情感或认知上的共鸣，从而形成对空间功能特征的有效支持等,这些都成为版式设计形式评价的重要方面。

（五）创新价值

版式设计的创新性评价主要运用比较分析的方法。由于设计创新是一个复杂的综合系统,受到不同时代社会、经济和技术条件的影响,有着鲜明的时代烙印。因此在评价中,应该既有版式演进发展的宏观把握,又要考虑比较的尺度和范围,以形成合理的标准和可比性,从而敏锐地发现设计作品中的新生素质。版式设计创新体现在多个方面,主要包括设计观念创新、风格创新、方法创新、功能创新以及材料与技术的创新等。

第二章 版式创意设计方法论

版式创意设计是有组织、有秩序地进行排列、分割、组合,因此它必须遵循一种原则和设计形式。版式创意设计的方法多种多样,且各方法间并不是孤立的,而是相互联系的,它们也构成了学习版式设计的主要内容。

第一节 版式创意思维

一、重复

重复构成是指在同一视觉空间中,相同[①]的基本形出现过两次或两次以上,是设计中比较常用的手法。用以加强给人的印象,造成有规律的节奏感,使画面统一。重复有基本形重复和骨格重复两种形式(图 2-1)。

图 2-1 骨格的重复

---

① 所谓相同,在重复的构成中主要是指形状的相同,其他的还有色彩、大小、方向、肌理等方面的相同。

二、近似

近似是指形态的接近或相似,它表现了在统一中呈现生动变化的效果。在自然界中两个完全一样的形状是不多见的,但近似的形状却很多,树上的叶子、网块状的田野、海边的鹅卵石(图2-2)等,在形式上都有近似的性质。最常见的近似构成便是形状的近似,近似构成较之重复构成更富有变化与生动性。近似有基本形近似(图2-3)和骨格近似(图2-4)两种形式。

图 2-2 近似形状的鹅卵石

图 2-3 基本形的近似

图 2-4　骨格的近似

三、渐变

渐变是指基本形或骨格逐渐地、有规律地循序变动,它会产生节奏感、韵律感、空间感及层次感。渐变有形状渐变、大小渐变(图 2-5)、位置渐变、色彩渐变和骨格渐变(图 2-6)几种形式。

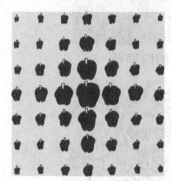

图 2-5　基本形大小的渐变

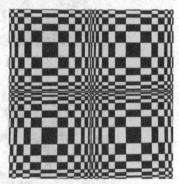

图 2-6　骨格的渐变

四、发射

发射构成通常是基本形或骨格线围绕一个或几个中心,向内汇聚或向外散发。这种手法具有强烈的视觉效果,是版式设计中很好的表现手段。发射有中心式发射、同心式发射(图 2-7)、螺旋式发射(图 2-8)三种形式。

图 2-7　同心式发射　　　　图 2-8　螺旋式发射

五、特异

特异构成是指在规律化的重复中刻意的突变，使少数个别的要素显得特别突出，引起强烈的视觉效果，是版式设计中常用的手法。特异有形状特异、大小特异、位置特异（图 2-9）、色彩特异、肌理特异、骨格特异（图 2-10）几种形式。

图 2-9　　位置特异　　　　图 2-10　基本形骨格特异

六、密集

密集也是一种对比的情况，利用基本形数量排列的多少，产生疏密、虚实、松紧的对比效果。密集构成是一种自由的构成形式，属于非规律性结构，所以也就没有骨格线。密集有点的密集、线的密集（图 2-11）、面的密集（图 2-12）和自由密集几种形式。

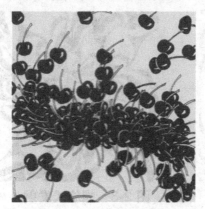

图 2-11　线的密集　　　　图 2-12　面的密集

七、抽象

任何思维,尤其是创造性思维都必须通过意象来再现。意象构成的思维过程可以说是既"抽象"又"具象"。

(一)具象形的抽象演变

具象形态是造型艺术的主要属类,其直观、亲和的特性满足了人类基本的审美需求,因而成为传统造型艺术的主流。

抽象形态是一种大容量、颇具表现力的形态。它概括集中了世界万物之共性,从中抽离出本质特征,以点、线、面、体等为基本造型要素,构成独具魅力的造型体系(图2-13)。

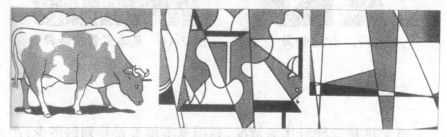

图 2-13　由具象到抽象《三联画·牛》利希滕斯坦

抽象与具象是相对的,它们之间存在不确定性和可变性。采用不同的方式观察同一图形,对其性质的判断往往大相径庭。在宏观视野中,飞鸟无疑是具象的,但放大镜下观察到的鸟的羽毛却成为抽象图形。当一个具象形被概括、提炼之后,仍保留原形的本质特征,这一过程即为抽象。换言之,由此产生的新形就是原形的抽象。从这个意义来讲,抽象即事物本质特征的概括再现。抽象手法创造的形态,可能是抽象形,也可能是有具象特征的意象形。康定斯基以抽象的点、线、面表现音乐的韵律与节奏;埃舍尔以看似逼真、具象的意象形表达深刻的抽象哲理。两位大师的表现手法似乎有天壤之别,其造型本质却都是抽象(图 2-14)。

图 2-14　具象形的抽象

由具象形向抽象形的概括演变,在造型上具有重要意义。许多传统具象形随着时间的推移而演变,被不断单纯化、秩序化、抽象化。汉字由原始的具象图形演变成象形文字,历经数千年最终抽象演变成今天的文字符号。仰韶文化中彩陶的鱼纹,也是这样一步步概括、提炼,由具象的鱼纹演变成抽象的三角形纹样。

（二）抽象视觉表现

　　形象思维与抽象思维相结合是抽象视觉表现的基本思维方法。牛顿从苹果下落的现象中抽象出万有引力定律,门捷列夫从化学实验中抽象出元素周期律。可见抽象思维是一种高级的思维形式,抽象思维概括了事物的普遍规律,因而具有最大的包容量。感觉、情感、精神和其他概念都具有抽象属性,抽象思维必须以形象思维为先导,要通过具体的视觉形象来表达,才易于被人理解（图 2-15 ）。

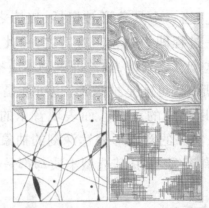

图 2-15　抽象概念构成：自律、自由、幻想、记忆

1. 抽象感觉

人的眼、耳、鼻、口和肌肤等五种感官,可分别产生视觉、听觉、嗅觉、味觉和触觉。人因此而能感受大千世界,体验人生百味。各种感觉不仅各司其职,予人丰富的感官感受,还能相互转化、联通,使人的感受体验更深入、更完善。人的感觉不是单纯的生理现象,还有过去感受体验的经验印象,其间包含着复杂的心理过程(图 2-16)。

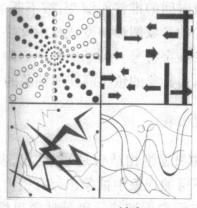

图 2-16　抽象

视觉是最高级、最直观的感觉,通过眼睛,我们能看见以形、色、质等要素呈现的任何形态。听觉、嗅觉、味觉、触觉等感觉的视觉表现,要通过视觉的联通转化,以抽象的造型要素再现。

（1）听觉的联通转化。

中国古代以"丝竹"来称谓音乐，形象而又贴切。线的交织有如乐声的共鸣，使画面的表现力得到充分发挥。造型上弦乐可表现为细而柔和的线，管乐的线型则相对粗而且明确。打击乐可用点表现，点规律性的大小、疏密变化，均可形象地表现打击乐的乐音效果。

（2）嗅觉的联通转化。

嗅觉用于感受气味。气味的种类很多，给人的感受也各不相同。一般概念性的气味，如香味、臭味、清淡的味、冲鼻的味等。香味使人舒畅，臭气令人厌恶，味清淡感觉清爽，味冲鼻给人以强烈的刺激。更具体的气味，如柠檬香、茶香、桂花香等都是香味，细品味却给予人不同的嗅觉感受：柠檬香是清新、幽微的，茶香是清纯、雅致的，桂花香是沁人心脾的浓香。

（3）味觉的联通转化。

味觉用于感受味道。我们在餐饮中经常会感受到酸、甜、咸、苦、辣、麻等味道。冷、热、干、湿等，味觉也很容易感受到。味觉与嗅觉往往有联想通感，如柠檬香味会诱导出味觉的酸味，反之，味觉的辣味也会产生冲鼻的嗅觉通感。

（4）触觉的联通转化。

触觉通过人的肌肤感知外界，其感受是极为丰富的。通过对比触觉的感受会更加强烈，如冷与热、软与硬、干与湿、糙与细、涩与滑等。触觉与视觉在很多方面都有联通感受。触觉很容易感受到光滑与粗糙，视觉上也有通感，表现为：光滑的物体表面有强烈的反光，粗糙的物体表面呈漫反射现象（图2-17）。

2. 抽象情感

情感也是一种抽象的感受，人的情感世界极为丰富。情感有相对性，如欢乐与悲伤、幸福与痛苦、热情与冷漠、爱与恨无不体现情感的极至对立。情感又有强弱程度之分，如狂喜强于欢喜，愤怒强于生气等。情感是抽象的也是现实的，喜、怒、哀、惧人皆有之。情感有简单的也有复杂、细腻的,有明确的也有隐晦的。由此可见,情感是可以用视觉形象予以表现的。对于同一种情感,不同的人会有各不相同的体验与感受,因此也会产生不同的视觉表现(图 2-18)。

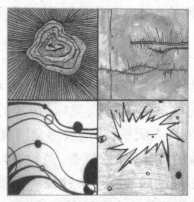

图 2-17　抽象感觉酸甜苦辣

图 2-18　情感抽象紧张与放松

3. 抽象概念

　　人们在认识事物的过程中,将其共性的特征抽取出来,加以概括而成概念。概念建立在人们对客观事物共识的基础上,旨在概括地反映其一般规律与本质属性。概念思维和形象思维是人的主要思维方式,形象与概念之间本来就有源流关系。概念的抽象表现,就是要寻找概念与形象之间的关系纽带,通过综合、分析、联想等思维方法,以形象传达概念的内涵。也就是说,概念不但能通过语言词汇传达,还可以通过视觉形象予以直观表现。

概念的内容包罗万象,不同类型的概念具有不同的属性,其视觉抽象表现也各不相同。如伟大、崇高属精神理念概念,这类概念的抽象表现应强调竖直向上的发展趋势,造型应单纯、明确富于力度。旅游、运动属行为方式概念,这类概念的视觉抽象表现应强调律动性,造型要活泼多变。相比之下,旅游这一行为方式概念内涵更丰富,视觉表现也相应复杂。

八、联想

联想构成即从形态获得联想进而创造新形态的方法,是一种旨在创新的思维方式。联想的契机是事物间的关系因素。构成的双方在形态上可能差异很大,但过去的经验能诱导出二者的内在联系,使人产生由此及彼的联想。

(一)重复位移

重复位移就是把某一形象连续移动排列或作各种位置变换,从而构成新的图形。重复位移在自我相关的矛盾循环中产生,在无限的循环中给人以哲理美。我们把结构相同的形称为重复形,重复位移就是要把重复的形复合为新的构成;也可以看作某一形象在不同时空中的形态,在同一画面上组合。

重复位移的创作方法有以下几种类型。

1. 位移

使某一形象沿线或面移动,或散点式排列,画面以一种有规律的组织构成新的、基于想象的图形。其特点是把众多单独形象的视觉冲击力集中起来,在完成视觉传达的同时,给予观者极强的心理冲击。

2. 扩散

一种中心不变的发射形式。使某形象呈级数扩大状,不变的中心形成视觉的引力点,形成图形中有图形,易于产生无止无休、时空无限延伸之感。层层叠合的形构成一种梦幻般的图像。在古埃及的壁画中已有这种图形出现。

3. 转体

利用立体形态在不同角度的形状的组合,这是一种以经验中对形态全方位的连续认识为基础的重复构成。注意:这种方法是形状发生变化,形象不变。转体的形象带有情境和视觉经验的因素,往往是一种具象的表现。转体式设计的构成,把同一事物在不同时空的不同面貌呈现于同一画面,形成强烈多变的新奇视觉效应,也便于观者较全面地认识事物。

4. 矛盾循环

通过某种契机,使同一形象在不同方位矛盾连接,形成一种自我相关、相互依存的矛盾状态。这是一种富于哲理之美的构成方法。

重复位移将单独形象有限的能量集中起来,以奇特的重复打动观众,造成很强的心理冲击。在复像的创作中,手法要单纯,画面上形式要协调,要注意奇得有理,意识的传达要准确。内部结构要有相对的合理性。要使这种奇与美相结合的作品有极大的说服力,能征服人心,体现出超越自身的价值。

(二)重叠复合

重叠复合就是把几种不同的形象,按一定的内在联系与逻辑相互重合,巧妙地构成一个新的形象。他们化概念为形象,融多形于一体。重叠复合借助一种虚构形式,使物像得以新生。在表现形式上,往往使形与形相互移借,或是将一个形填充于另一形的影像之中,成为一形多义的复合体。被重合的形往往有结构相似或相同的特点。新形象给人神奇的感觉,而且具有多种属性。

1. 部分重叠

形与形部分重叠或连接,重合共用部分兼有二者的特点,或是成为二者之间的一种过渡。

2. 完全重叠

利用物像形状相同的因素在同一图形中,表现出不同物像的本质。利用形象与形状的关联性,把同一形象的不同形状组合起来,新形具有原形不同侧面的特征。艺术大师毕加索在他的作品中常采用这种手法。

重叠复合是视觉传达中,特别是广告设计中常用的一种手法。这种设计以神奇的力量,造成视觉冲击,它似乎源于自然,似曾相识,却又稀奇古怪。它是自然形与联想形合成的超现实幻觉形象,是"你中有我,我中有你",真真假假融合一体的奇特方式(图2-19)。

图 2-19 重叠复合

(三)形变转化

利用抽象的相似形,将一种形象按一定逻辑含义渐变转化成另一形象。形变转化是形象本质性的变化,而且要历经量变到质变的发展过程。形变转化的方法有以下几种。

1. 渐变

这是一种从一个形逐渐演变成另一个形,在两形间的过渡区域,各自消除个性,增加共性,并发展对方性格的方法。

例如,虚实转换是一种以图底转换渐变为特征的形变转化手法。由一个形的实形逐渐演化为另一个形的虚形。这里关键是处理好虚实形象边缘的共用线,使虚实双方都具有真实的意义和结构。

2. 影变

影变是将一个物像的影子转变成另一个物像。这种方法利用视觉经验和反经验的心理感受,达到一种既合理又不合理、自相矛盾的状况。

影子分投影和倒影两种。投影由光源投射产生,倒影是特殊材料对原物像的折射,也就是镜面反射现象。影子虽是体外之物,却与形体有着神秘的关系。时隐时现,若即若离,相伴相随,变幻莫测,可以说影子是物体的第二个自我。我们儿时就做过这类游戏,灯前做手势,投射到墙上可以变成兔子头、狗头之类的影像;民间皮影的彩色剪影则是光透过材料投射到幕布上的影像。我们将这些方法,借用到设计中即可产生十分有趣的影变效果。影变要赋予影像"生命",使影像的形状具有双重意义。一方面与原形有割不断的亲情,另一方面又与原形矛盾对立。伴随着物与影、实与虚的转换,表现出对立统一的哲理美(图 2-20、图 2-21)。

图 2-20　形变手形叉

图 2-21　影变

(四)分解重构

分解重构即运用减缺和分解规律的联想图形。可以说分解重构的基本手法是破坏,其实质是分解减缺成像。分解重构主要表现为:破坏的过程富于秩序,破坏的部位建构新形象而产生意义的意残重构;或剪切图形,再按某种规律重新组构,使图形焕发新意的剪切重构等。

1. 意残重构

由于秩序性的破坏而产生新的形象,并赋予其新的意义,即为意残重构。意残重构由残破而产生新的形象,赋予形象双重属性,视觉也获得双重感受。由于文化和传统审美的差异,对于"破碎",中国民间赋予约定俗成的吉祥寓意。过年时,家里正好摔碎了东西,人们便会喜气洋洋地说一声"岁岁(碎碎)平安"。中国传统门窗的冰裂纹和陶瓷开片的裂纹,则追求一种自然而又抽象的破碎美感。在构成设计中,也可将这些约定俗成的内容作为联想创意的素材(图2-22)。

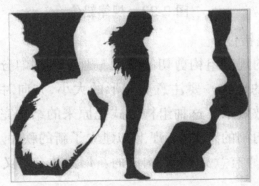

图2-22 意残

2. 剪切重构

将原有形象剪切分解成若干部分,改变其组织结构,按主观创意进行新的组合即剪切重构。由于重构的单元形来自同一"母体",故万变不离其宗,它们之间有着必然的内在联系。剪切重构易于形成富于理性的图形,把形象剪切后再构筑成新的形象,即在破坏原规律的基础上创造新规律,在"破旧"基础上的"组新",使图形焕发出新奇、和谐和梦幻般的感受,方法如下:

（1）规律错位。

将原图形剪切分解成条状或方格状的单位，再按一定秩序组构，可稍加错位，保持原来的基本影像，造成似残非残的观感。规律错位类似隔着竹帘观看的效果，使人产生朦胧的视觉完形联想（图 2-23）。

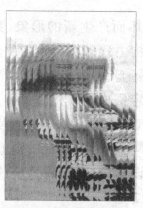

图 2-23   规律错位

（2）散点错位。

按全新的规律组构剪切的单元。画面可均匀分布，也可组织成疏密有致的形式。要注意剪切形的大小、方向对比，以及点状单元形的聚散效果。这种组构方式把原来的结构完全破坏，引起视觉上整体切割的感觉，心理上却建立了新的秩序。原图形被破坏，已失去了原有意义，重新构成的新形象才有意义。

第二节   版式创意实施方法

一、直来直往

我们在看东西时，视线是在空间中沿着一定的轨迹进行运动的一个过程，这个过程叫作"视觉流程"。这条流动的视线在画面上其实并不存在，因为它是虚的，所以经常被我们忽略。而作为一个设计师，就要善于诱导观众的视线，按照设计意图来浏览版面。在这里你首先看到的是直线的视觉流程,这种也最常见。

　　如图 2-24 所示的日历设计《圆·缺》是以圆的聚散为主题的作品。全部的基于圆形而建立起来的设计,本着如果日历可以做记事本携带使用的想法制作而成。除了整体的圆形模切,并没有什么特殊的工艺。宣纸的采用一方面有重量轻的优点,另一方面又让日历有了书香气息,落笔显出人的情绪。

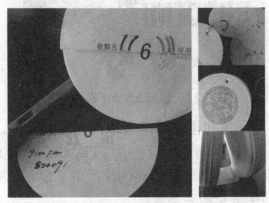

图 2-24　　《圆·缺》吴冠聪

　　如图 2-25 所示的拉链海报,由卢迪·古宁设计,其拉开的拉链像箭头一样指向文字,极具创意感。

　　由罗靳玛丽·蒂斯和斯格佛利德·奥德马设计的卢塞恩国际音乐节海报,是由强烈的色块和线条形成的水平视觉流程(图 2-26)。

图 2-25　拉链海报　　图 2-26　卢塞恩国际音乐节海报

由安德瑞·马廷森设计 *Dagbladet* 杂志内页,将左右页的设计联系起来,使读者有照片的一部分产生水平移动的感觉(图 2-27)。

图 2-27　*Dagbladet* 杂志内页

图 2-28 所示的和平主题海报由南部俊安设计,斜线视觉流程,用手势作为表现对象组成了一个"PEACE"的英文单词,其中"A"这个字母的造型突出了"合掌祈祷"的意思。按对角线排列,这条线是画面中最长的一条线。

图 2-28　和平主题海报

再例如我学生的介绍惠州城市的系列作品《那些年,I'm in 惠州》,内容是表现作者对惠州所独有的个人见解与印象。主要通过三大部分来介绍惠州这座城市。

第一部分以一本插画画册来介绍惠州市的容貌,从建筑、西湖园林、小吃美食、东江麒麟文化四大板块入手,分别创作各板块的插画,运用数字电脑进行加工修改(图 2-29 至图 2-31)。

第二部分是瓶盖心情,运用在校内收集的玻璃瓶汽水瓶盖经过染色处理,在上面写下自己对惠州的好与坏的心情记录,再者也可以用来给观看者留言(图2-32)。

　　第三部分是微缩小景,运用瓦楞纸制作小城市独特建筑模型,再放入一个小的玻璃罐中,隔着玻璃欣赏小小的惠州印象(图2-33)。

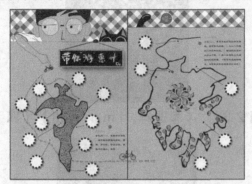

图2-29　《那些年,I'm in 惠州》(一)

图2-30　《那些年,I'm in 惠州》(二)

图2-31　《那些年,I'm in 惠州》(三)

图 2-32 《那些年，I'm in 惠州》（四）

图 2-33《那些年，I'm in 惠州》（五）

二、曲折委婉

这种创意形式中,画面里的视觉元素随弧形线条或回旋线而运动变化。这种视觉路径不像直线流程那样直接简明,但更具趣味性、节奏感和曲线美。委婉曲折的流程形式微妙而复杂,就像中国的园林,曲径通幽。它可以概括为弧线型"C"和回旋型"S"。弧线具有饱满、扩张和一定的方向感;回旋型两个相反方向的弧线则产生矛盾回旋,在版面中增加深度和运动感。

例如郭杰设计的《西部西部》主题海报(图 2-34),"S"型的视觉流程。"@"被延长的笔画使它既是文字又成为形象。

图 2-34　《西部西部》主题海报

如图 2-35 所示,这是一本书的内页设计。主人公哈莱姆是一只小狗,书中讲述了它流浪的经历。

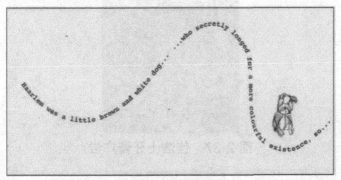

图 2-35　内页设计

"国际远行者"组织的年度报告(图 2-36),由约翰·凡·戴克设计。设计师巧妙地利用各种物品的自然形状,配以编排得体的文字群,共同构成图文精美的设计,图文并茂。页面中"奢侈"的空白区域也是构成阅读享受的必要环节。

图 2-37 所示为一则佳洁士的牙膏广告,蜿蜒的曲线将视觉路径引导到牙膏上,具有较强的指引性。

图 2-36 "国际远行者"组织的年度报告

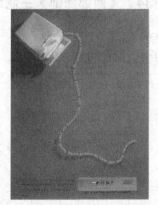

图 2-37 佳洁士牙膏广告

三、凸显重点

这种编排就是在版面中设计一个侧重点,形成一个视线的落脚处。它不见得是在画面的绝对中心。

如果有一样东西让你很偏爱,那么它一定有吸引你的兴趣点。重心原则就是这样一个引人注目的看点,它可能大,也可能小,可能接近于画面的中心,也可能偏向某一处角落。其他的文字或线条的编排有助于将视线引向此处。

图 2-38 所示为斯考特-瑞设计的演讲海报,嘴唇的造型构成郁金香花瓣,暗示演讲者是来自郁金香之国——荷兰。这个形象形成了画面的焦点。文字排列成了花的枝干,同时也可作为导

向因素。演讲活动的详情用小号字横排于海报的底部。

图2-39所示的杂志封面设计,向心力容易成为引导视觉的重心。

图2-38 演讲海报 图2-39 杂志封面设计

图2-40所示为丹尼斯·克劳斯设计的戏剧海报《红》,该作品导向清晰,没有任何元素会分散观众的注意力。设计风格简朴自然,色彩单纯,主题创意直截了当。描述性文字的无衬线字体与竖排的剧院名称的带衬线字体形成对比,美观悦目。

图2-40 戏剧海报《红》

图2-41所示为乔·坦普林设计的一幅海报作品。设计师用数字0和1组成的形状,造成悬念和疑问,吸引了视线。

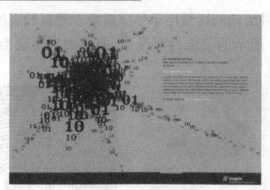

图 2-41　海报设计

四、随意自由

这种编排追求轻松随意和慢节奏的阅读速度。图片和文字呈自由分散的状态,充满感性、随机性、偶然性,追求新奇和动感,特别强调空间的流动性,这是一种看起来比较随意的排版形式。

我们在阅读按照严格网格结构编排的版面时,会感到严谨的秩序性和清晰的层次变化,但这种严谨也会让人感到呆板和束缚。浏览自由松散的版面时,我们仍然有阅读的过程,视线随着版面中的图片、文字游走,或上或下,或左或右,这种散漫的移动虽然秩序性差,相对来说没有直线、斜线或弧线等流程快捷,但更加活泼有趣。在现代社会高效率、快节奏的生活状态下,这种慢节奏能舒缓人们的神经,使紧张的心理得到片刻的休息,也许这正是散点视觉流程存在的必要性。

既然叫“散点”的视觉流程,那么松散排列的形象与文字就应该小一些,呈“点”或“线”的效果,彼此之间留出足够的空隙,以便使视线在其中“散步”。

图 2-42 所示为新岛实设计的第九回金泽雕刻展海报。字母被切割后,其负形也有了形象感。加上矩形后,像放在展台上的雕塑展品一样,松散摆放形成的空隙,就像美术馆的展览空间。

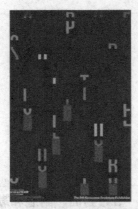

图 2-42　第九回金泽雕刻展海报

图 2-43 所示为新岛实设计的字库样本的封面与封底。完整的汉字被打散后，其文字信息被瓦解了。只剩下了形态。这些抽象的形态使我们能够把注意力集中于字体笔画本身的美感。展开的页面让你看到了"松散"背后的整体感。

图 2-43　字库样本的封面与封底设计

图 2-44 所示为索尼亚·斯卡隆设计的展开的书籍封面、封底和勒口。散淡之中还包含了疏密和色彩的对比。

图 2-45 所示为卡尔·S.马露雅玛设计的 UIS 公司宣传册内页。食品、色彩和人物都充满热情和活泼的感染力。

图 2-44　书籍封面、封底和勒口设计

图 2-45　UIS 公司宣传册内页

第三节　版式风格类型的情感表达

　　版式的风格类型是指版面编排的具体形式。从发展的眼光来看,版式风格类型总是在不断变革、出新和进步。不过从研究角度出发,无论其怎样变化也脱离不了"版面"这个有限的平面,如果从"有限"这个角度去认识,就可以把版式风格类型进行适当概括了。

一、满版式

　　满版式版面设计指的是文稿或者图形占据整个版面,不会有大面积的留白,从而充分运用整个版面来传达信息。利用图文的排列方向、大小、形色、肌理等因素来构成对比丰富的精彩画面,使版面的每一个区域都能发挥它应有的作用。满版式设计的构成又分为全图样式、全文字样式和图文混合样式等三种形式。

图 2-46 为以文字为主的满版构图,文字占据了主要版面,很具有异域风情。其版面主题主要以文字来表现,视觉传达效果直观而强烈。

图 2-47 为以图形为主的满版式设计,设计中利用对比色来制造出张扬醒目的气场,突出了个性化表现。

图 2-46　杂志封面　　　图 2-47　书籍封面的版面设计

图 2-48 是图文混合满版式构图,利用图形中物体的运动趋势来安排文字,牛在画面中旋转挣扎,文本则沿着这种动态趋势的轨迹排列,强化了画面的动感。

图 2-48　海报版面

二、标准式

标准式常见于一般书籍及报刊等,通常只在书眉、页码、扉页及标题、章节上寻求个性和变化。标准式版面经过设计师的精心处理后,能在平凡中表现出不平凡的视觉效果,版面设计的价值在这里能够得到充分的体现。标准式版面设计的形式还可分为中式(竖排)、西式(横排)两种。

图 2-49 纯文字编排,选择首字母放大,极其醒目,文字排列缜密规范,是典型的标准式的编排。

图 2-50 普通的图文混合式竖构图,图形及文字均按一定规范组合搭配,呈献给受众一种标准的版面构图特征。

图 2-49　杂志内页版面（一）　　图 2-50　杂志内页版面（二）

图 2-51 图形和文字将版面一分为二,形成对称的格局,右边的图像是主要人物,左边的文字段落对主题进行详述,大方简约地凸显了现代型模式版面设计的特点。

三、骨格式

骨格式构图方式是一种严谨规范的构图方式,有时甚至有些中规中矩。常见的骨格式构图方式有竖向通栏、双栏、三栏和四栏等,一般以竖向分栏居多。在图形和文字的编排上,严格按照骨格比例进行编排配置,给人以严谨、和谐、理性的美感。骨格经过相互混合后的版面既理性又有条理,既活泼又有弹性。

图 2-51 杂志内页版面（三）

横向三栏示意图如图 2-52 所示,竖向三栏示意图如图 2-53所示。

图 2-52 横向三栏示意图　　图 2-53 竖向三栏示意图

图 2-54 是骨格式版面设计,图形以散点安排在画面上半部,文字按骨格式分成四栏排版,其中细节处理得很到位,文字契合圆盘的形状来排列,整个画面色调协调清醒,给人舒服恬静的感觉。

四、坐标式

坐标式构图方式中,无论是文字、图片,还是线条装饰,在编排时将其按垂直或水平方向有规律地呈现在版面上,形成类似坐标的格局。坐标式设计风格类似于"冷抽象"派的代表人物蒙德里安（Mondrian）的绘画风格。坐标式构图多数以纵向形式或横向形式的编排为主，但两种形式很少同时出现。坐标式版面有时候需要进行某种变化，否则易使人感到刻板且无生气。

图 2-54　杂志内页版面

图 2-55 版面按"横四纵四"被等分，其间的文字与图形编排随意自然，以剪贴的手法呈现，每一格中的几何元素对比均衡、疏密有致、颜色淡雅，被协调安插在均等的坐标中。

图 2-56 中坐标的分割出现大小变化，版面被横纵分成不规则的四份，画面就出现比较丰富的对比效果。文字群集中编排，严谨典雅，增强了画面的稳定感。

图 2-55　平面广告　　　　　**图 2-56　广告设计**

图 2-57 是在满版的基础之上进行的骨格式编排，文字的排列以竖向五栏分布，集中在版面的上端，清晰明了，非常符合观众的阅读习惯。

图 2-58 构图以竖向十栏分布,每一栏的位置进行偏移的设置,打破了骨格构图的呆板,图文的编排规整而不失活泼。

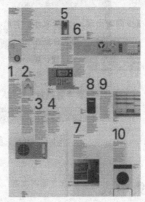

图 2-57　招贴版面　　图 2-58　杂志内页（一）

图 2-59 是骨格式版面的常规设计,采取竖向十栏等分的布局来排版,图形一律放在文字的上方,下部文字长短不一,错落有致,版面给人规则和严谨的视觉感受,为了避免版式呆板,图形的摆放顺序进行了很好的调整,即类似图片间隔摆放,统一中不乏变化。

图 2-59　杂志内页（二）

图 2-60 采取横向骨格排列,由于黑底白字加上图形统一在两排横线之中,使整体感觉干脆利落、简洁大方。

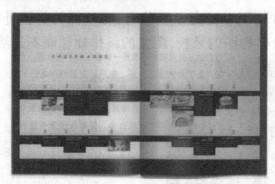

图 2-60　杂志内页（三）

五、集中式

集中式是一种相对于分散式的排列方式，版面文字或图形具有区域性的集中效果，给人一种紧凑的视觉感。集中式版面并不是完全集中在一起，它在相对集中的情况下有时会显得分散，这种分散不仅是一种点缀，而且是一种有意分散，如某个角落上一个面积很小的标志或一些细小的文字等。

图 2-61 是集中式版面设计，虽然大号字体的文字组织普通，但是每个字母中都聚集着一段话，是一个视觉效果丰富的集中式构图方式。

图 2-61　集中式版面设计

图 2-62 是一幅以呼吁和平为主题的公益广告。画面中的一条腿是由大量手写的文字组合而成，通过仔细阅读文字能让受众

明白公益广告的寓意"失去的不仅仅是一条腿而是快乐"。好的创意必须有相符合的版面设计才能完全地表达出其内涵。

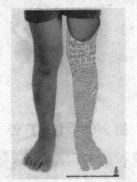

图 2-62　公益广告

六、分散式

分散式为相对于集中式的一种排列方式,版面上的文字、图形信息按照一定的规则分散排列,总体上显得很大气,散而不乱。该形式很适合编排信息量比较大的版面。

分散式给人一种无拘无束的感觉和一种自然宽松的气氛,但是所谓的分散并不是没有规则的零散,而必须有统一完整的版面意境。

分散式又分为有序分散式和无序分散式两种。

图 2-63 中每一个汉字都被切割,而且不完整地分散在画面中,左下方预留给主题一块地方,很醒目,表现出强烈的文化气息和视觉震撼效果。版面采用文字列队编排的方式细心营造出一种有秩序的分散式构图。

图 2-64 中物品间隔有序且平均地分散在画面中,呈现均衡平等的构图形式,文字则排在图片的上面一层,简明扼要。

图 2-65 中主体图形是一棵玉兰花的剪影,置于画面正中间,使人视觉集中于四个孩子的笑脸上,四个笑脸与花朵的剪影重叠分散于整个画面,打破主体图形的平静和呆板,显得丰富而富有创意。

图 2-63 包装广告

图 2-64 招贴设计（一）　　图 2-65 招贴设计（二）

七、引导式

引导式构图利用画面上的人物动作或指示性的箭头、线条等将受众的视线引向版面所要传达的主要内容上面来，积极主动地制造视觉焦点。这是一种不受视觉流程和最佳视觉区域限制的设计思路，它可以由设计者来选定什么是重点，什么不是重点，具有强烈的主观设置成分。

图 2-66 中版面主体形象与文字作倾斜编排，造成版面强烈的动感和不稳定因素，让读者的视线由画面版引向文字版。

图 2-66　杂志内页

　　图 2-67 中图形与文字相结合，一语双关的三角形，很快将读者的视线引导至画面中间的标题文字上来。

　　图 2-68 这是一种不露声色、蕴藏深刻含义的版式设计，根据飞机飞行轨迹来引导观众视线。

图 2-67　报纸内页设计　　图 2-68　版式设计

　　图 2-69 这是一种不露声色的版面设计。用耳机绳将受众的视线由主机引导至一座城堡的剪影，很明确地表达了产品的优质音色和至尊享受的特点。标题和文字分别放在版面的对角。

　　图 2-70 这是采用引导式版面设计的典型例子。画面的左上角是一只打蛋器，文字则随着打蛋器运动的方向环绕成圈，受众的视线会跟随着这个圈，最终被引导至画面下方的红色文字上来。

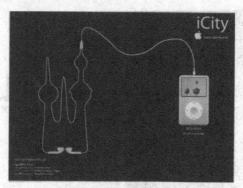

图 2-69　苹果 iPod 广告

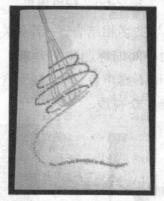

图 2-70　杂志内页设计

八、组合式

　　组合式构图方式有明确的模式和规律,但又不能呆板或单调,故要在有规律的组合中寻求变化,打破固有模式。比如在有序的画面组合中,猛然有一个元素打乱了秩序,就会引起人们的注意,从而产生意想不到的效果。

　　概括来说,组合式版面有等格并置、变异并置和几何并置等几种形式。

　　图 2-71 为组合式版面设计,大标题很突出,详细的文本则以横向编排方式组成字群,版面有重叠的视觉错觉,是以文字为主的组合式版面设计。

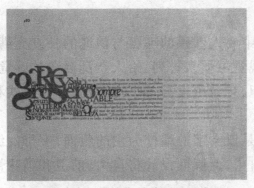

图 2-71　组合式版面设计

图 2-72 是鱼类的介绍,采用图文结合的编排形式,中间部分由一条大鱼形式的剪影式文字排列组成。版面中罗列着各种类型的海洋鱼类品种,其中穿插着各种鱼类的文字说明,形成典型的分散式构图,采用的是一种平铺直叙的编排风格。

图 2-72　鱼类的介绍

九、自由式

自由式没有明显的模式或规律,灵活多变和生动自如是其主要特点,但并不是杂乱无章的任意堆砌,而是要在自由随意之中显示灵感,表达意境,使版面设计跳出上述形式规则的禁锢,进入具有内在个性、独创性的层面。

概括来说,自由式版面设计可分为相对自由式和绝对自由式两种形式。

图 2-73 中女人性感的嘴唇与飘逸的长发充满画面,文字按照非常规的视觉习惯来排列,给人杂乱混淆的感觉,这个版式的构图非常大胆,且自由度高,属于满版式和自由式相结合的版面设计。

图 2-74 是以文字的编排为主的版面,字母的编排严谨中透露出极大的自由,此版面设计将自由、前卫和趣味性表现得淋漓尽致。

图 2-73　自由式杂志封面版面　　　**图 2-74　海报设计**

图 2-75 是自由式版面设计。这是一个充满涂鸦气质的版面,有强烈的绘画感。画面中的女人占据主体,文字的排列没有特定的规格,随性大胆,看上去有些漫不经心但是隐含着对版式形态的讲究。

图 2-75　自由式杂志内页版面

　　图 2-76 为自由式版面设计,画面占据主导地位的是颜色雅致、丰富的彩色铅笔头,呼应了大标题。这幅设计准确地表达了它的意境,让读者的眼睛被颜色所吸引,大胆随性,形象和示意图之间非常和谐。

图 2-76　自由式版面设计

第三章 版式设计要素创意

版式设计中包含有点、线、面、文字、图形、色彩等要素，各要素之间有着非常密切的内在关系，如各要素之间的结构关系、图底关系、空间关系、比例关系、位置关系、主次关系、次序关系等。在版式设计中，对基本要素的不同安排与组合，以及各种关系的不同处理，将会设计出完全不同特征、感觉、风格、档次的版式来。

第一节 点、线、面的构成创意

版式设计中，点、线、面是其版面构成的主要视觉语言，它们的组合与色彩交融在一起，构造起了整个形态世界。版面构成的关键在于如何在有限的版面空间内处理和协调好点、线、面之间相互依存、相互作用的关系，组合成各种各样的形态，构成有新意的符合审美意识的版式。

一、点的构成及其创意

（一）点的形态与作用

1. 点的形态

点可以分为规则点、不规则点和自然点。

规则点指几何性的点，如圆点、三角形的点、方形的点等（图3-1）。

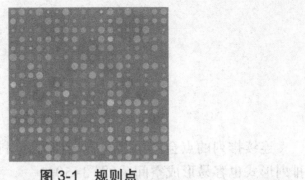

图 3-1　规则点

不规则点指自然形的点、偶然形的点、任意形及人造形的点
（图 3-2 ）。

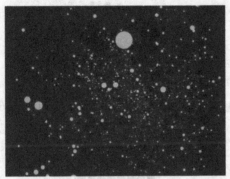

图 3-2　不规则点

2. 点的作用

点的作用主要是通过不同形式的点的组合来表现的。

单一的点具有集中凝聚视线的作用，这样的点容易形成视觉
中心（图 3-3 ）。

图 3-3　单一点凝聚视线

多个点的组合会创造生动感，并且利用大小各异的点，会使
彼此更加突出（图 3-4 ）。

图 3-4 多个点创造动感

连续排列的点会产生节奏感、韵律感。利用点的大小不一的排列形式也容易形成空间感(图 3-5)。

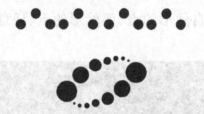

图 3-5 连续点的节奏韵律

多个点的连续排列会有线和面的感受(图 3-6)。

图 3-6 多点排列的线面感受

(二)点的创意构成方法

在做点的创意构成训练时,可以先从简单的形态着手,这样便于集中精力理解形态要素的特征及多种构成方法,由单一的要素构成训练,逐渐到多种要素的复合训练,最后到具象形态的训练。

1.等间隔构成法

这种等间隔的排列优点是井然有序,有一定的秩序美感;缺点是缺少个性,不太适合表现印象极强的画面,视觉效果比较平淡、呆板,如图 3-7 所示。

图 3-7 等间隔点的构成

2. 规律式间隔的构成法

这种构成法可产生动感和立体感。它的变化是在数理的基础上产生的。优点是有一种秩序的精细感；缺点是如果创造不好，就会产生呆板的视觉效果（图 3-8 至图 3-11）。

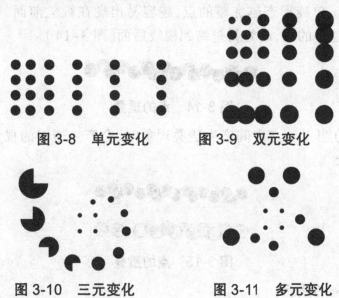

图 3-8 单元变化　　　　图 3-9 双元变化

图 3-10 三元变化　　　　图 3-11 多元变化

3. 连接构成法

等间距的连接具有强烈的秩序感，这种构成手法较单调，改善的方法和等间距的改变方法大致一样。

等间距中点的大小变化，能造成不规则的画面构成。

点的重叠构成会产生空间感，这种构成形式有以下几种。

（1）当点与点之间重叠的面积越小，越能保持原来的形状；重叠的部分越大，原来的形状就越容易失去；重叠到一定程度时就会产生出新的形状（图 3-12、图 3-13）。

图 3-12　点的等间距连接

图 3-13　点的重叠

（2）当点与点形态之间有空透的线出现时，画面的空间感就会产生。单纯形态越完整的点，越容易出现在视觉前面，单纯形态失去越多的点，越容易进缩到视线后面（图 3-14）。

图 3-14　点的重叠

（3）当点和点之间产生透叠现象时，会产生透明的视觉效果（图 3-15）。

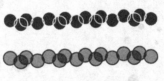

图 3-15　点的重叠

4. 点的线化

点所构成的线永远是一种虚线，当画面中点是同样大小时，表现出的虚线会给人一种方向感；当点有了一定的大小变化时，这条线就产生出空间感和节奏感；当点的间距越大时，线的感觉越弱；间距越小时，线的感觉越强；当点的间距缩小到相互连接时，线就由虚线变成了一条实线（图 3-16）。

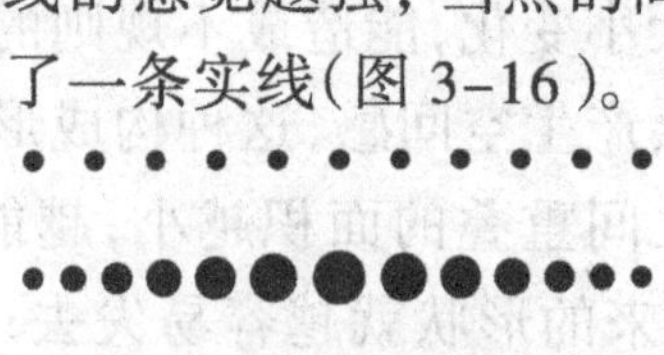

图 3-16　点的线化

5. 点的面化

　　当点的密度增大时,就会有面的感觉,当点是等间距排列时,就会成为一个虚面;当改变其间距、大小、位置、色彩时,就会产生非常丰富多变的虚面(图 3-17、图 3-18)。

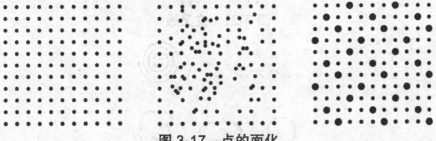

图 3-17　点的面化

图 3-18　人像

二、线的构成及其创意

（一）线的种类

　　线即相对细长的形态。它具有位置、长度和方向的特征,并且各种各样的线具有不同的特点。线的种类主要有直线、平行线、相接线、交叉线、曲线等(图 3-19 至图 3-22)。

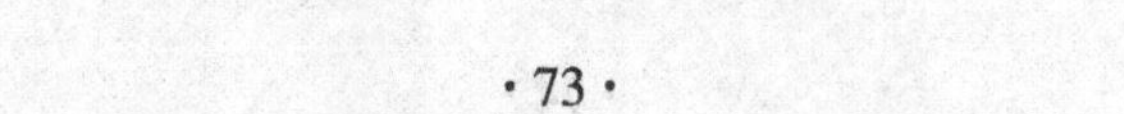

图 3-19　直线与平行线

图 3-20　相接线

图 3-21　交叉线

图 3-22　各种曲线

（二）线的特征

从造型意义上看，线是最富有个性的造型要素之一。在平面造型中，线被广泛地用于表现形体结构之中，将不同线型自身的变化以及线的多种组织方法运用于设计作品中，能赋予作品多样化的艺术风格。

不同形态的线条给人以不同的视觉刺激，因此能赋予线条不同的性格特征。

（1）几何直线具有简单、明了和直率的心理感觉，并带有男性化的特征。线条边缘越毛糙的直线，男性化的感觉越强。

（2）几何曲线具有简洁、柔软和优雅的心理感觉，同时带有女性化的特征。

（3）自由曲线具有自由、浪漫和优雅的感觉，并且带有开朗的性格特征。

（4）粗的直线具有简明、坚硬和明快的性格特征。

（5）细的直线外在形象较弱，但具有锐利的性格感觉。

（6）综合性线条性格特征复杂多样，进行设计分析时要以某一方面为主，其他方面为辅的综合性的处理手段。

（三）线的创意构成方法

线的创造性非常强,利用线可以很容易地创造出许多丰富的画面效果。

1. 非连接构成

非连接特指平行线和等间隔线的构成。这种构成会产生宁静、稳定和单调无味的视觉效果。一般通过改变其中的部分设计元素组织手段,便可使画面产生丰富的变化(图 3-23)。

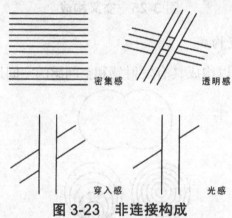

图 3-23　非连接构成

2. 连接构成

如果把一些线条连接起来,便可构成具有特殊感觉的外形,如旋涡形、发射形和辐射形(图 3-24)。

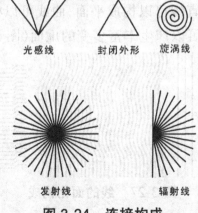

图 3-24　连接构成

3.交叉构成

线的相互交叉可产生平稳感或光感的视觉效果(图 3-25)。

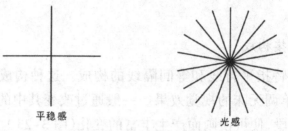

图 3-25　交叉构成

4.封闭曲线构成

封闭曲线可以构成具有发射感和空间感的空间形式(图 3-26)。

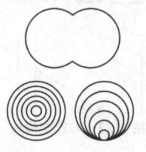

图 3-26　封闭曲线构成

5.线的面化

当线的排列构成较密集时,面的感觉越强烈。同时,在线的组织构成中,利用直线可以构成平面,曲线可以构成曲面,折线可以产生空间,虚线可以产生丰富多变的虚面(图 3-27、图 3-28)。

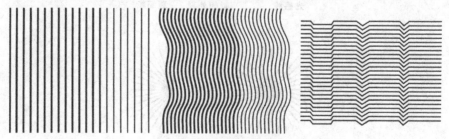

图 3-27　线的面化构成

图 3-28　花

6. 线的错视

线的错视当中,缪勒－莱亚错觉是最著名的一种,它是 1889 年由缪勒－莱亚设计的。图 3-29 中的两条线本来是等长,但一条由于末端加上向外的两条斜线,就比在末端加上向内的两条斜线的那一条显得长一些(图 3-29)。

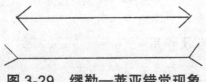

图 3-29　缪勒—莱亚错觉现象

另外,线的错视还有以下几种情况。

(1)等长的两条直线,垂直和水平方向摆放时,垂直直线要比水平直线感觉长(图 3-30)。

(2)一条斜向的直线,被两条平行的直线断开,斜线会产生错开的错视效果(图 3-31)。

(3)等长的两条直线,受周围线条不同长短的影响,产生不等长的错视效果(图 3-32)。

(4)两条平行的直线,在发射线的作用下,出现弯曲的错视效果(图 3-33)。

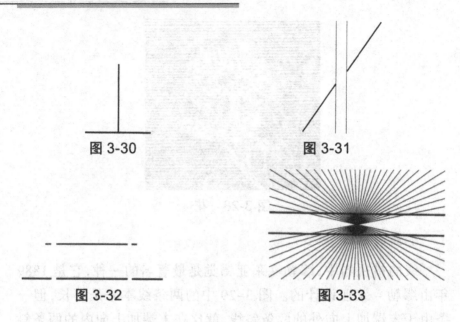

图 3-30

图 3-31

图 3-32

图 3-33

三、面的构成及其创意

（一）面的形态及作用

1. 面的形态

面的形态无限丰富，一般概括为几何形、有机形、偶然形和不规则形。

几何形是用圆规、尺子等工具所做的规则形。规则形制作方便，也容易再复制。简单而规则的形，容易被人们识别、理解和记忆（图 3-34）。

图 3-34 几何形

有机形代表着自然界有机体中存在的一种生气勃勃的旺盛生命力，形态是由自然中外力与物体内应力相抗衡作用形成的（图 3-35）。

图 3-35　有机形

偶然形是应用特殊技法或材料在制作过程中意外获得的天然的形态,是提炼造型设计的一种有效方式(图 3-36)。

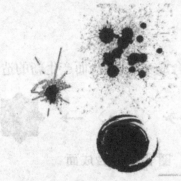

图 3-36　偶然形

不规则形是有意识的创造出的偶然形。它可以按照有计划的思维去表达,利用它可以创造出许多丰富的面来。

2. 面的作用

以几何学法则构成的几何面形简洁而明快,并且具有数理秩序与机械的稳定感性格,体现出一种理性特征。几何形中最基本的是圆形、四边形和三角形。

圆形有饱满的视觉效果和运动、和谐的美感;四边形有稳定的扩张感;三角形则有简洁、突出、明确、向空间挑战的个性。

曲线构成的有机形具有内在的活力与温暖感。以徒手方式绘制的自由形,能流露出创作者的个性和情感。

偶然形是难以预料的形,它正好与几何形相反,是无法重复的不定形,但因为其不可复制性,赋予它与众不同的设计魅力。

除了以上三种面形,我们常见的色调、肌理、轮廓也是构成面的表现因素之一,它们决定了面给人的感受,在设计中利用它们的不同变化,根据不同的场合有加减地对面进行变化和处理。

（二）面的创意构成方法

在进行面的创意构成训练时要从基本形入手,这样对于画面内在联系秩序感的建立将会有很大的帮助,同时可为以后较为复杂的造形构成创造良好的设计条件。通常关于面的创造有以下几种方式。

1. 合成面

将至少两种造型面合成在一起,从而产生新的造型面（图3-37）。

图3-37　合成面

2. 切断面

在一个面积相对较大的面造型中,切去一部分,从而产生出新的面造型（图3-38）。

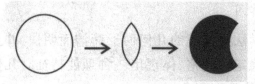

图3-38　切断面

3. 面的错视

面的错视想象,如反转实体错觉,有些双关性的图像,往往会由于人们的着眼点不同而产生实体的反转效果。如从正面看是

鼓起的楼梯,而从背面看却不见楼梯形象,而是个鼓起来的东西
(图3-39)。

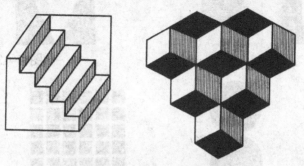

图 3-39　反转实体错觉

而螺旋形拧绳错觉是由于受到背景的黑白螺旋格的影响,使
前面的螺旋形曲线显得扭曲,看上去像一根拧绳(图3-40)。

图 3-40　螺旋形拧绳错觉

此外,还有几种常见的面的错视现象:

(1)两个面积、形状相等的面,黑底上的白面感觉大,白底上
的黑面感觉小(图3-41)。

(2)两个面积、形状相等的面,周围图形小的面感觉大,周围
图形大的面感觉小(图3-42)。

(3)两个面积、形状相等的面,处在上边的面感觉大,处在下
边的面感觉小(图3-43)。

(4)多个大小相等的正方形的等距排列,方形间隔的交点上,
会显现出神秘的灰点(图3-44)。

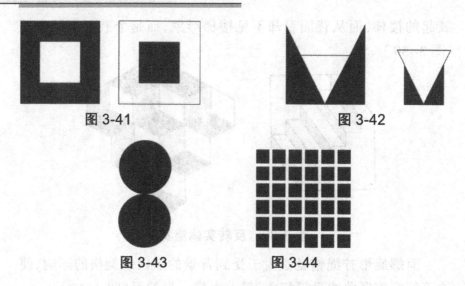

图 3-41   图 3-42

图 3-43   图 3-44

第二节　文字、图形、色彩及创意

一、版式设计中的文字创意

（一）文字编排的构成要素

版式设计的主要内容是文字和图片。无论是报纸、杂志，还是书籍画册、平面广告，只要有文字或图片说明，就得有标题、副标题、小标题、前文、正文、图版说明等内容的存在。当然，不是所有的版面设计全得有上述的内容，这要根据实际情况进行编排设计。

1. 标题

标题是标明文章、作品等内容的简短语句。它分主标题和副标题，主标题字大，副标题字小。标题的正统排列是放在正文开始的前面，接着是前文、小标题、正文、图片说明等，这是文字排列的正常顺序。除此之外，就是打破常规，将标题放入版面的任何一个位置,只要不失为标题,均能给人以强烈的印象。

标题是版面设计的主要表达内容,它是正文的向导。标题字体和正文字体对比度大,版面就显得有生气,若对比度小,则给人以高雅的情调。一般标题字与正文字的比率在 60%～70% 之间收到的效果较为理想(版面面积按照 100 计算,即标题字占 60%～70%,正文字占标题字的 30%～40%)。当然标题字的设定不仅仅是依照上面的规定去设计,更重要的是能否与其他内容,如空间、图片等比例关系协调起来,如图 3-45 所示。

图 3-45　杂志内页标题设计

2. 副标题

副标题是对标题内容的补充说明。两者在布局位置上贴得较近,竖向排列的一般在标题的左边,个别的也有在右边;横向排列的一般在标题的下边,个别的也有在上边。副标题的字一般用小于标题的不同字体来表现,如图 3-46 所示。

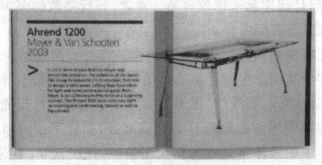

图 3-46　杂志副标题设计

3. 前文

前文是标题与正文之间的短文。有些文章标题不足以说明正文时,加用前文来弥补这种不足,以引导读者去看正文。新闻的前文是提要型文字,只要看前文就可以了解正文的概要。在文字排列时,前文的字体大小和正文字体大小相近比较理性,适用于资料内容的表现。若用大于正文的字或粗体字,则具有向导功能,并由此将读者引向正文。前文与正文在编排上分两个区域,因此,对方向、位置等要精心加以细致的安排,使读者首先领略到文章的内涵,如图 3-47 所示。

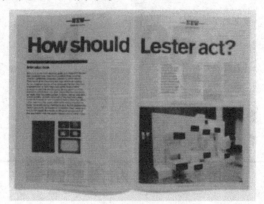

图 3-47　具有导向功能的前文设计

4. 正文

正文指书籍、报刊等的表述内容。在版式设计中,对正文排列每行字数的多少是关键。字数少给人以轻松的感觉,版面也比较生动,而且阅读起来比较容易。总之,每行字数的多少,要根据版面的形式及表现内容而定。

正文字小而简朴,一般采用的均是古朴而典雅的宋体字,或以宋体字为基础派生设计出的其他字体,如书宋、报宋等,也有的版面用其他字体,如线体、细黑等。宋体字是易读性很强的字体,它的结构随着笔画的粗细具有轻重之分,而且字面清晰,视觉效果好。其中细宋体字是专为正文用的,可视性良好;粗宋体字用于标题,可视性一般;特粗的宋体字用于标题,不适宜用于正文。

正文的字距一般不宜留空当。但作为活字在设计时为了提高可读性和保持平衡而留出 10% 左右的空当。若是文字排得紧紧的或粘连在一起，则看起来发黑，产生模糊的感觉，而行的感觉强烈。正文字体的排列，行与行距离以一个字的距离为宜，最宽的也不要超过两个字的距离，最窄的不要小于半个字的距离，否则会使人感到难读。行距宽，版面明朗、舒展，具有时尚的感觉；行距窄，版面密度大，具有严整精致的感觉，如图 3-48 所示。

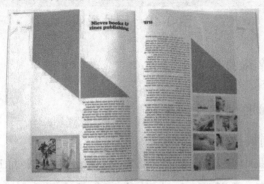

图 3-48　杂志正文设计

5. 图片说明

图片说明，即图或照片的说明文字，亦称图解或图注。一般放在照片或图的近旁，字号比正文字号要小，这样既不会对正文和图片起干扰作用，又可以给版面带来变化。

图片说明和图是紧靠在一起的，使之成为一个整体。这种文字排列形式主要是用在挖空的图版上，具有自由活泼的感觉。文字和图片混杂在一起要注意图片排列空间与文字排列形式的统一和平衡关系。文字排列形式可以用横排或竖排，可以一边对齐，也可以居中排列，这要视图片排列而定。有时，为了突出照片内容，也可以将图片编上号码，把说明放在别处，使之产生清晰、明快、主题突出的效果，如图 3-49 所示。

图 3-49　图片说明

（二）文字编排的创意设计

1. 文字编排创意设计原则

（1）强调局部特殊效果。

文字编排中常采用局部强调、夸张的方式来加强视觉效果，从而打破平庸、活跃版面，达到引起读者注目和兴趣的目的。常用的方法有首字放大（图 3-50）、加线、衬色等。

图 3-50　首字放大

（2）注重整体编排。

文字的整体编排是将文字信息组织成一个整体的形，如矩形、圆形等几何形，其中各段落间还可线段分割，使其清晰、条理而富于整体感。这种编排方式使版面更具有组织性、秩序性和设计性，从而也传达出良好的品质感，常常用于个性化的版面设计中（图 3-51）。

图 3-51 文字的整体编排效果

（3）注意文字的图形化编排。

文字的图形化表达往往能形成独具个性的创意文字。文字图形化的方法主要有以下三种：①形象文字的创意表达（图3-52）；②图文透叠与叠印（图 3-53）；③文字图形化组合编排（图 3-54）。

图 3-52 汉字的创意表达　　图 3-53 英文的创意表达

图 3-54 图文组合

2. 文字编排个性化设计

在文字的编排设计中,人们越来越倾向于打破传统的文字排列结构,进行有趣味的编排与重组,使版面的空间感加强,具有更加丰富的层次结构。这种结构在文字的处理上存在着极大的灵活性,更加追求文字在视觉上的标新立异,以求提升版面的活力与视觉冲击力,改变过于单一与呆板的文字编排模式。

每种字体样式通过特殊的变化与处理都会展现出不同的个性特点,能够更加引起人们的视觉注意或者进一步体现设计的特质,我们有必要根据文字内容与版面视觉效果的需要,运用丰富合理的想象力来加强文字的感染力。

(1)文字的表象装饰设计。

文字的个性是通过特殊的文字样式展现出来的,可以运用各种方式来对文字进行变化与加工,使其个性特点更加鲜明,为版面的整体效果服务,充分展现出设计意图。所谓的文字表象装饰设计是指根据文字的字义或词组的内容进行引申与扩展,得到字体形象化、字意象征化的半文半图的"形象字",既能给人带来特殊的审美情趣,又具有很强的实用性,体现出视觉直观的"体势美"与"情态美"。

例如图 3-55,这个文字组合运用各种图释进行装饰,使其形成一种形象化的样式,让文字组合变得更加具体,带有一种优雅的"体势美",符合人们的审美情趣。

图 3-55 文字表象装饰(一)

实现表象装饰文字的编排设计的具体方法是将一个字或一组字的笔画、部首、外形等可变因素进行变化处理,大体可以分为改变文字外形的形状设计、改变文字特定笔画和主副笔画的笔画设计、改变文字内部结构的结体设计三种,这些方式的最终目的都是为了让文字的特征更加生动、形象。

例如图 3-56,通过对文字的笔画和构成物质进行变化,也可以产生一种新的富含情感的文字形式,可以使其吸引视觉的能力加强。

图 3-56 文字表象装饰(二)

文字的表象装饰设计虽然对文字的装饰没有十分明确的意义,但是在设计编排的过程中应该注意文字整体装饰风格应与内容相协调一致,二者互为表里,相互促进。

例如图 3-57,版面以单纯的白色为背景,在文字的设计上选择与左页面中图片色彩一致的绿色为文字色调,并且与左边的图案形成呼应,使版面更加统一、协调。

(2)文字的意象构成编排。

文字的意象构成设计又叫意象变化字体图形,其特点是把握特定文字个性化的意象品格,将文字的内涵特质通过视觉化的表情传达,构成自身趣味。通过内在意蕴与外在形式的融合,一目了然地显示其感染力。

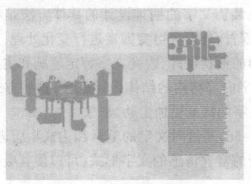

图 3-57　文字表象装饰（三）

　　例如图 3-58，这个文字属于同质同构，即为了表达 "CALLME" 这个主题，选择了与之有密切联系的物质进行设计，将其特性表达出来。

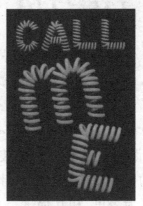

图 3-58　文字意象构成设计（一）

　　意象字体设计赋予了文字强烈的意念，通过联想等方式让文字带有更为丰富的感情色彩，使文字超脱了"形似"的束缚，将具体的"形"提炼为抽象的"意"，从而获得以文传神的表达效果。

　　如图 3-59，这个文字组合属于形义同构的组成形式，将文字组成需要表达的图形，让文字的表现力变得更强，使版面具有很强的视觉冲击力，实现含义和形式的双重构成。

图 3-59　文字意象构成设计（二）

文字的意象构成具体的表现方法可以分为：根据字义外形特征的相似，以另一物象及特性把创意传达出来的同质同构设计；借用字本身的含义特征，将所要传达事物的属性表达出来的异质同构设计；把含义、形象两类同构综合起来，利用含义的相似和形式的相似进行双重构成的形义同构设计等几类。

图 3-60 是一则鞋子的广告，其文字也属于同质同构的形式。 为了更好地表现这个主题，选择鞋带来构成文字，使其更具创意性。

图 3-60　同质同构广告设计

（3）文字的图形表述。

随着人们生活节奏的加快，图片率高的版面越来越受到广大读者的喜爱，因为图片的信息传达效率和吸引眼球的能力比文字强多了。而文字的图形化表示就是为了改变单一机械的文字编排模式，使版面更具吸引力，提升文字版面的传达效率。

图 3-61 文字编排成直升机的形式来表达直升机这个主题，给人留下最直观的印象。同时，文字的图形化也能更好地引起人们的好奇心理，进而得到更多的关注。

图 3-61　文字图形化编排

文字的图形化编排是指将文字排列成一条线、一个面或是组成一个形象，着重从文字的组合入手，而不仅是强调单个文字的字形变化。这样既可以追求形意兼备的传达效果，也可以只求形式上的装饰作用，使版面的图文相互融合、相互补充，利用图形化的文字来表达主题思想。

直观、高效和冲击力是这份海报的特点，通过更改文字的大小和排列方式，使其形成音乐符号，创意独特。图文的完美结合突出了画面主题。

对于一些特殊的文字样式，其本身就是一种强烈的图形语言。比如最常见的手写体就是形象直观易懂、朴实的图形语言，受到广大设计者的喜爱（图 3-62）。在采用文字图形化编排的同时，要着重追求图形传达文字时更深层次的思想内涵。

版面中的手写体带有浓厚的个性特点，充分地表达了版面愉悦的气氛，这种文字本身就是一种带来浓厚美感的图形样式，增加了版面的表达效果。

3. 文字编排组合设计

（1）多语言文字的混合编排。

不同的语言文字在字体形态上存在着一定的差别，世界语言文字体系中主要有两大体系,即以汉字为代表的东方文字体系和以英文为代表的拉丁文体系。

图 3-62　手写体运用

汉字字体是将文字完美地放置在一个方形的假想框中,如图 3-63 使用的红色线框,这样就让文字有了一个基本的框架结构。

版式设计

图 3-63　汉字假想框编排

英文则是以流线型的方式存在,水平基准线是其造型的基础,也是文字编排时进行对齐的基准线,所有的文字都位于这一条线的上方,即上图中的红色虚线(图 3-64)。

图 3-64　英文流线与基线准线编排

中英文混合编排时需要统一二者之间的文字大小与基准线,以使文字高度在一行上的变化不会太明显。同时文字间的间距也是需要注意的,由于二者在进行编排时,文字的间隔是以某一种语言的文字进行设置的,所以直接对这两种文字进行编排会造成版面文字的间距存在一定的视觉差异,影响版面效果。

多语言文字混排时,必须要在这些语言中分出主次关系来,使版面有一个明确的层次关系,有一定的侧重点,避免版面在文字上出现平均的现象,导致版面过于呆板。

如图3-65,这是两种语言的混合编排模式,对二者分开编排使其形成两个分开的块面;同时以一种文字作为主体,便于组织版面,实现统一。

图3-65　多语言文字混排

多语言文字编排的版面会因为语言文字的差异为版面文字增添一种对比关系,而不同的语言文字的字体样式不同,给人带来的视觉效果也不同。所以,在多样语言文字编排时要注意版面字体的统一,过多变化的字体样式会使版面过于杂乱。

(2)文字的组块化编排。

文字的组块又叫文字的面积化,是将版面上的文字按照文字的内容和层次进行面积化的编排。通过组合文字面积大小的变化,使版面文字出现弹性的点、线、面布局,从而为版面制造紧凑的、整洁的视觉效果,让画面富有节奏感与韵律感。

版面中利用不同范围的文字面积表现出张弛有度的画面效果,并利用绕图编排以及文字段落的色彩表现,使文字形成各具风格的面。同时,段首自然的边线与圆形图片的使用也增强了图文的表现能力,如图3-66所示。

图 3-66　文字的组块化编排（一）

文字的组块化同时还可以对版面文字信息的层次进行划分，引导阅读，因为人们阅读时会习惯性地将具有相同结构的组合文字当作同一信息内容，这样的编排方式会减轻读者阅读的负担，提升阅读兴趣。这种注重文字内在层次关系的编排使版面在保持整体的协调感的同时，也让各个文字组合具有独立的个性特征。

如图 3-67，文字的组块编排使版面有了点和面的对比，通过使不同块面内文字样式发生变化，对文字内容进行区分，引导阅读。

图 3-67　文字的组块化编排（二）

（3）文字与版面风格的协调。

文字是版面的一个组成部分，虽然说文字的样式与风格会影响到版面的整体风格，但是无论文字的作用有多重要都不能改变其对于版面整体的从属地位,都必须为版面的整体风格与整体布局服务。

①文字的位置应符合整体要求。文字在版面的位置不是随意摆放的,而是需要从版面的整体入手进行考虑,以直接、高效的信息传达作为其最终目的。在文字的编排过程中不能使版面上的元素发生视觉上的冲突,也不能 造成版面的主次不分,引起视觉混乱;更不能破坏版面的整体感 觉,因为即使在细节上的细微差别都可能导致设计的整体风格发 生变化。

整个页面采用简单的结构,版面上方的图表与下方两端对齐的段落文字将整个版面划分为多个部分,集中的文字内容保持宽松的行距,使文字更加便于阅读(图3-68)。

图3-68 版面整体设计

文字不仅是信息传递的载体,同时也是版面风格构成的重要组成部分,它在版面的编排位置只要符合版面的主题,会让整个版面效果变得更加生动与具体。

整个版面处于一种朦胧的棕色调之中,所以在文字的使用上也去掉繁杂的装饰,将其编排在版面的左边,与背景形成对比,最后达到平衡(图3-69)。

图 3-69　版面的整体平衡

②文字风格与整体版面风格的协调。文字是为整个版面服务的,从字体样式的选择到文字大小的 设置再到文字距离的确定,这些局部细节的变化都会影响到版面 的整体风格,所以我们在进行文字编排之前一定要慎重分析并熟 悉版面的风格。

如图 3-70,左对齐的文字编排、轻松的图形,使版面带有一种浓郁的节日气氛。为了适应这种氛围,在文字的编排上采用了红色的标题文字,与图片相呼应。

图 3-70　版面文字

在众多影响文字风格的因素中,字体的样式是最为关键的,通常我们会在比较正式的刊物设计中使用常规的字体,而在更加 追求视觉冲击和营造特殊氛围的招贴设计与宣传册设计中使用更具活力与吸引力的字体,以使文字风格与版面风格达到高度统一。

如图 3-71,该则广告版面以食品为主题,因此选用与食品质感一致的样式作为文字效果,既能很好地表现出广告的主题,又能使设计意图表现得更为直观。

图 3-71　广告版面

(4)文字的编排应用。

以图 3-72 所示的音乐会海报设计为例,这份海报通过文字的图形化处理形成一个完整的、具有无限张力的图案,使版面活力四射,充分展示了音乐的激情与魅力;同时还能够清晰明确地传达关于音乐会的具体信息。

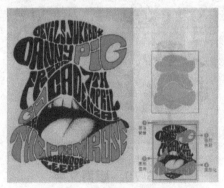

图 3-72　音乐会海报设计

设计分析:

①利用简单的纯色做背景。背景就好比是演出的舞台,使用单色背景,没有任何的点缀,使主题的"表演"具有广阔空间。

②运用了图形化的文字编排方式,使图片与文字完美地组合在一起。借用嘴造型与文字进行完美的结合,利用"嘴"的形象

向人们传达出音乐的激情,给人直观的印象。版面文字编排的目的非常明确,希望展现一个狂热的歌手形象,以达到表现主题的目的。

③运用了充满激情的红色。版面使用红色具有两种作用,其一是增强版面色彩对比,提升版面的吸引力;其二则是表达音乐带来的热血沸腾的感觉。

二、版式设计中的图形创意

(一)图形编排的表现要素

图形是版面设计中信息传递的另一有效途径,它能够真实直观、准确有效的表现设计主题,使人产生信赖感。一直以来,图形直观的表达优势在人类多种沟通方式中具有无可取代的地位,尤其在平面广告中,其通常成为设计最有力的表现要素,画面是否拥有一幅具视觉冲击力的图像,成为激发阅读兴趣、达到信息诉求的关键。

1.图片的位置

图形放置的位置,关系到版面的构图布局,不同位置的版面能够给人不同的心理感受。比如在视觉流程上的图形具有更强的视觉效果,散点式的图形排列则会让人感觉版面跳跃、丰富(图3-73)。

2.图形的面积

图形面积的大小安排,直接影响到视觉冲击力。大的图形形象鲜明、突出,小的图形精致、活泼,大小图形的穿插对比强烈,具有层次感,编排应根据版面的内容需要具体考虑(图3-74)。

图 3-73　散点式图形

图 3-74　图形的面积

3. 图形的数量

　　版面设计中,图形数量多的编排活跃、丰富,适合于娱乐性、新闻性和鉴赏性强的读物。图形较少时感觉更高雅,一般用于文学格调高、学术性强的读物(图 3-75)。

图 3-75　图形的数量

4.图形的形式

图形的形式主要有方形图、出血图、退底图、合成图、影调图等类型。

方形图是指外轮廓线是规则的方形形式。这种版面稳重、严谨,是编排中最基本、最简单的图形形式(图3-76)。

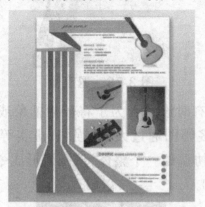

图 3-76　方形图

出血图即图形充满整个版面,经裁切后不留白边,具有扩张、醒目的视觉效果(图3-77)。

图 3-77　出血图

退底图是指在版面设计中,根据内容需要将底退去而形成的图片形式。这可以活跃整个画面,也会让主体形象更加醒目突出。另外,通过退底处理,图片更容易与版面中的其他要素组合构成,整体协调(图3-78)。

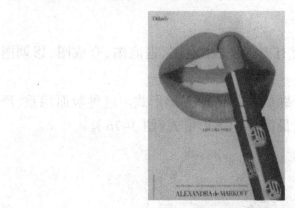

图 3-78　退底图

合成图是指有时设计者为了将较为抽象或复杂的概念准确表述,往往会将多幅图通过大小、强弱、虚实等多种视觉处理方法,合成为统一、协调的一个整体,使画面形成令人意想不到的独特效果(图 3-79)。

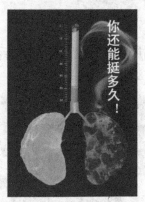

图 3-79　合成图

影调图是指利用电脑技术,将一幅图片进行色相、纯度、明度、冷暖等方面的处理,突破原有的自然色彩,重新赋予其色彩的解释,创作出独特的画面色彩(图 3-80)。

5. 图形的方向

在一个版面中,图形的编排都具有某种方向的运动感,形成此版面同时具有相应的某种动势。图形中人物动作、手的指示、视线注视的方向等,都会给人不同的方向感。运用该原理进行编排,可以有效引导读者视线,产生良好的视觉流程(图 3-81)。

图 3-80　影调图

图 3-81　图形的方向

(二)图形编排的创意设计

1. 改变图片面积

图片面积的大小不仅影响版面的视觉效果,而且直接关系到设计作品情感的传达。通常图片在版面构成中占有很大的比例,视觉冲击力比文字强大约 85％,但这并非说文字的表现力很弱,而是说图片在视觉上能够辅助文字,帮助读者加深理解,并且可以使版面更立体和丰满。因此,设计师对图片面积的控制,可以调整版面节奏,并传达不同的情感与视觉信息。

(1)大图的处理。

面积大的图片注目度高,视觉效果清晰,且感染力强,能给人舒服愉快的感觉。扩大图片的面积能使版面产生震撼力,能快速传达其内涵,与观者产生亲和感。大图通常用来突出表现细部,如物品的结构、肌理、局部特写、人物的表情、手势以及一些恢宏的场景等。

如图3-82,利用够大的图片空间完整、充分地展现了女性身体的美。

图3-82　大图运用

又如图3-83,这是韩家英设计的一个"沟通"主题海报。两个面部特写的图片正反重合撑满整个版面,造成强烈的视觉刺激。

图3-83　"沟通"主题海报

(2)小图的处理。

小图在一个版面空间中可以与文字穿插呼应,显得简洁而精致。但如果小图放置、运用不好也会使人产生拘谨、静止、趣味弱的感觉。

如图 3-84,作品中的小图起到了精致的点缀作用,版面显得清爽、利落。

图 3-84　小图运用（一）

又如图 3-85,这个设计利用了平面构成的原理,把尺寸相同的诸多小图疏密有序地排列,理性而又有说服力。

图 3-85　小图运用（二）

（3）图形的聚与散。

当一个版面中只有一张图片的时候,通常它都是视觉的焦点。当图片多了,会分散视觉,但同时也有了浏览的余地。那么这个时候就需要找到一种方式来组织这些图片,使版面协调又充满个性。

如图 3-86,这个体育刊物的版面图片很多,设计者将图片退底,配合文字分区域有秩序地摆放,夺冠热门人物的图片面积很大,成为视觉中心,与版面新闻热点契合,并与其他小图形成对比,整个版面生动而有秩序。

图 3-86　图片的聚散(一)

有时候我们会遇到这样一种状况,就像图 3-87 作品中的图片,它们数量较多,面积大小差别不大,又不适合退底,那该怎样去解决呢? 这里就用到了图形的聚与散的规律了,那就是使版面协调又充满个性。

图 3-87　图片的聚散(二)

2.抽象图形的处理

从蒙德里安、康定斯基到现代海报中的国际主义风格,抽象艺术始终是人类艺术中最具形式构成美的艺术类型。

抽象的图形简洁而又鲜明,它运用几何形的点、线、面及方、圆、三角等来构成版面,是规律形的概括与提炼,并在平面空间里对形状、色彩等造型元素进行构成组合，形成一个新的审美单元。

（1）规则图形。

规则图形是比较严格的几何图形。如方、圆、三角、梯形等一切可以概括和形容的图形。规则图形给人以相对比较理性、干练的印象。

蒙德里安设计的《场景Ⅱ号》（图3-88）将自然物象的形和色转化为纯抽象的视觉语言，用数理逻辑来营造画面的结构，使之产生冷静、精准和均衡之美。设计完全用垂直线和水平线来分割版面，形成正方形和长方形的非对称空间以及红、黄、蓝、白、黑等色彩的变化，使视觉达到高度的和谐。

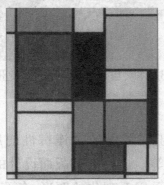

图 3-88　场景Ⅱ号

图3-89和图3-90是维也纳分离派画展的其中两幅海报设计作品。设计者将抽象的几何图形进行规律和秩序的排列，构成了具有装饰美感的画面。

图 3-89

图 3-90

（2）自由图形。

自由图形是相对于规则图形的另一种图形。它是不规则的、难以预料的,如墨滴在水里散开的样子,夜晚用相机闭门记录的立交桥上汽车尾灯拖出的无数条光影……自由图形带有浪漫、轻松、随性的情怀,如图 3-91。

图 3-91　自由图形——雪花形状

3.思维的延伸

有的版面设计工作要做的是连贯性的展开页,如产品的样本设计、售楼书设计等。这种多页版面设计的整体感和延续性很重要,设计师往往会采用系列化的图形、色彩、文字样式等去传达设计的完整性和连续性。此种表达也类似于中文语法关系里的并列或者递进关系,使设计更有力度。这种连续性的思维过程,将视觉元素反复强调并层层推进,使设计的意念在整个设计中延续。

（1）色彩的连贯性。

诺贝尔化学奖获得者奥斯特瓦尔德研究发现,情感受色彩影响这一事实是可以用公式计算出来的。心理学家通过测试发现,最先进入观者视野的往往不是物体的形状和其他细节而是色彩。色彩可以抽象地描绘事物并具有引导性。在信息设计的王国中,色彩是最强有力的工具。

图 3-92 所示为某宣传页设计,设计中色彩的对比与调和增强了连续页面的统一感。

图 3-92　宣传页设计

图 3-93 所示为某家具宣传册设计，整个设计选用了典雅、稳重的咖啡色调，营造了家具的奢华品位。

图 3-93　家具宣传册设计

（2）情节的连贯性。

用一种带有情节性的元素或者图形去串联整个版面。编排的时候就像编写剧本一样，注意起承转合，什么地方是高潮，什么地方要缓和一些，整个设计尽量主题突出、前后呼应，一气呵成。

如图 3-94，设计中选用的图片具有镜头切换的感觉，制造的情节性贯穿在连续页中。

（3）巧用大照片。

如果版面空间够宽裕，那么设计师要好好地利用，放置一些大的图片与小图呼应，使版面看上去更有节奏和张力。比如跨页图片的运用，使版面更连贯，也更吸引人的眼球。

图 3-94　编排的连贯性

如图 3-95 所示的杂志版面设计，一幅摄影视角独特的体育比赛图片通过对页全出血的设计，使版面夸张、动感，极具视觉冲击力。

图 3-95　杂志版面设计

又如图 3-96 所示的宣传册设计，大小图片的穿插以及跨页图片的使用，使整个宣传册的版面设计连贯、大气、唯美，富有节奏感。

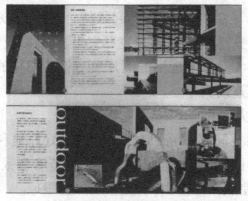

图 3-96　宣传册设计

三、版式设计中的色彩创意

（一）色彩的视觉传达性

色彩作为一种非常有效的视觉传播语言,只有具体运用到设计之中才能体现出其价值,是在追求其形式与功能的完美结合中、在二者的有机融合之中体现出我们的设计意图,通过色彩巧妙地揭示出设计目的与创意。

1. 可识别性

色彩作为视觉元素中最刺激、反应最快的视觉符号,对于版面整体吸引力的提升有着举足轻重的作用。在企业识别系统中,色彩成为决定品牌差异性的关键因素,有助于提高版面的可识别性,使人们能够迅速地留下印象,并进一步巩固记忆。

如图 3-97 所示,画面中的几款产品虽然是同一类型,但是它们在作用方面有一定的差别,所以为了更好地区分它们,就赋予了它们不一样的色彩,使消费者能够通过色彩对其进行区分、识别。

图 3-97　色彩的可识别性

2. 象征性

在视觉传达过程中,色彩一个最重要的特点就是象征性,通过某一种色彩,人们很容易联想到相关事物。比如看见紫色会很自然地联想到葡萄,同时还能引起味觉也产生相应的反应,这就是紫色所代表的葡萄形象带来的一连串反应,所以色彩的形象运用会使设计变得更加生动具体。

　　食品的包装设计中,色彩的选择相当关键,合理的色彩选择会通过视觉的诱导,进而刺激人们的味觉,正如图 3-98 所示的这个包装,选择黄色和红色让人们联想起与橘子相关的画面。

图 3-98　色彩的象征性

3. 时代性

　　色彩还具有很强的时代性,它的时代特点是人们有机赋予它的,就像其本身并不具备情感的因素却能引起人们丰富的情感联想一样,是人们在某一时间段由于受外部因素有意或无意的影响而形成的一种对某些色彩的特殊偏好,正如流行色是通过国际流行色委员会确定并大肆宣传而让人们接受并喜欢一样,使用某种色彩在特定的时代具有一种特别的情感。

　　如图 3-99 所示,这是一个复古的版式设计,版面上色彩单一,同时整个版面的色彩明度都不是很高,这种样式非常符合 20世纪 60 年代人们对色彩的追求,对于当代的大多数人来说,这个色彩就缺少一点生气。

　　了解色彩的时代特点对我们的设计具有积极的指导作用,使我们能够根据人们的喜好去安排色彩,使色彩的作用得到有效利用。但是,对于这种特性的使用也要注意目标对象,因为时代特点具有一定的时间局限性,一般寿命较短,所以在使用时,对于那些正规的、权威的内容要谨慎使用。

图 3-99 色彩的时代性（一）

如图 3-100 所示,这个版面的色彩使用大胆、丰富,大量高纯度、高明度的色彩集中于版面上,使版面非常热闹。同时通过加入对比关系,让版面关系比较协调,但是这种色彩搭配缺少时间的延续性。

图 3-100 色彩的时代性（二）

（二）版式设计中色彩的作用

色彩的世界是丰富多彩的,人们对色彩的感觉既复杂又实际,不同的色彩向人们传达的感受各不相同,即使是同一种色彩也会因为人的个性、经历、情绪的差异而产生不一样的反应。

1.表达不同的情感

不同的色彩或同一种色彩处于不同的环境,会给人带来不一样的心理感受,因为它们存在着冷暖、轻重的关系,能带给人华丽或质朴、明朗或深邃等不同感受。

　　所谓色彩的冷暖感并不是指色彩自身物理温度的高低,而是指当人们接触到某种色彩时带来的一种直接的感觉,它与人们的视觉经验和心理联想有密切的关系。它是依据心理错觉对色彩进行的一种理性分类,波长短的红色、橙色、黄色光给人暖和的感觉,即暖色系;而紫色、蓝色、绿色光则有寒冷的感觉,即冷色系。当然,这些色相的冷暖不是其绝对属性,而是通过色相间的对比得出的色彩感觉。

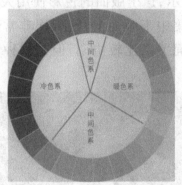

图 3-101　色彩冷暖示意图

　　色彩的轻重感指的是当色彩附着在同一个物体表面时,不同的色彩会让该物体产生与实际重量不符的视觉效果,这种感觉就是色彩的轻重感。色彩的轻重感主要受色彩的明度影响,明度高的亮色感觉轻,明度低的暗色感觉重。同时冷色和中纯度的色彩看起来比较轻,而暖色和高纯度与低纯度的色彩看起来比较重。

图 3-102　色彩的轻重感对比

　　色彩在冷暖、轻重、强弱等方面的不同也带给人们不同的情感体验,如华丽、朴实、柔和、坚硬等。设计者利用色彩的这些特殊情感,在平面中更好地表达出设计意图,唤起观者的情感体验,引起共鸣,实现设计目的。

如图 3-103 所示,这个版面的整体色调是一种柔和华丽的感觉,为了使版面形成一种统一的色调,设计者利用葡萄的紫色与黄色来组织版面。同时,为了打破这种单一的感觉,还加入了一定的白色,增强对比。

图 3-103　柔和华丽的色彩感

2. 产生不同的象征意义

所谓色彩的象征是指将某种色彩与社会环境或生活经验有关的事物进行联系,产生联想,并将联想经过概念的转换形成一种特定的思维方式,如看见红色人们有一种喜庆与积极的感觉。同时,色彩由于时代、地域、民族的不同而产生不同的象征意义,如黄色在中国是皇权的象征,代表着高贵;而在西方因其是犹太衣袍的色彩,所以是背叛的象征(图 3-104)。

色彩象征意义的设计运用是一个复杂的问题,因为色彩的象征意义是多种多样的,受多方面影响;但是色彩的象征意义的运用又是必要的,因为通过色彩象征性的运用可以唤起人们的联想,进而传递情感。

虽然色彩的象征意义比较丰富,但是总是有限的,正是色彩象征意义的特定性为我们的具体运用提供了有效的手段。我们有必要去熟悉色彩象征意义存在的范围和对应的前提,避免在运用时造成不必要的混乱。

图 3-104　黄色的不同象征意义

如图 3-105 所示,这是一个关于尊重艾滋病患者的宣传海报,版面上使用了醒目的红色和黄色,红色的标志如同血液,代表着生命;而黄色象征着太阳的光芒,使整个版面有一个积极的氛围。

图 3-105　尊重艾滋病患者的宣传海报

3. 强调不同的重点内容

通过选用不同的色彩,利用色彩在色相、明度、纯度上的差异对版面内容进行有效的区分,使重点的信息能够从版面众多的元素中脱颖而出,达到引人注意的目的。同时,色彩的强调作用还表现在其易视性和诱目性上,色彩的这两种特性都是由某种色彩与周围的关系来决定的,是从版面的整体入手进行讨论的。

如图 3-106 所示,版面中使用纯度和明度较高的黄色色块衬托文字信息,既可以起到装饰版面的作用,又能很好地利用色彩吸引人们的视线。

图 3-106　使用黄色色块衬托文字信息

色彩的易视性是指色彩容易被看见的程度。虽然色彩的易视程度容易受到色彩的纯度影响,但是这种高纯度的色彩过于耀眼,容易引起不愉快的印象,所以要谨慎使用。要在和谐的前提下提升色彩的易视性,就需要把握好图与底之间的关系,色彩间的易视关系如图 3-107、图 3-108 所示。

图 3-107　极易识别的色彩示意图

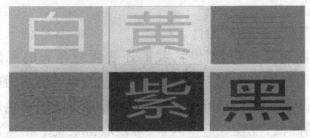

图 3-108　不易识别的色彩示意图

（三）色彩的创意搭配技巧

在运用色彩进行编排设计时，所有颜色必须在一个统一的整体中相配形成又对立又和谐的色彩系统，这样色彩的魅力通过对比才能真正显示出来。为了更好地运用色彩进行设计，有些配色规律和色彩的情感规律是需要我们注意的。

1.色彩配色规律

（1）把握版面的整体色彩效果。

在运用色彩进行设计时，首先要考虑色彩的整体效果。总体色彩运用得好，有助于烘托广告主题，使消费者更易接受。否则就会影响主题的表达，阻碍消费者信息的接受。考虑色彩的总体效果需要注意以下三点。

①考虑设计的内容和消费者对色彩的喜好。一般来说，少儿产品的色彩选择可选用那些对比度大、纯度高的色彩，而老年人的色彩可选择那些造型稳重、柔和的色彩。

②确定主色调。视觉传达设计虽是多色组成，但要达到总体效果，就一定有一外色作主色，否则，就会乱而不堪，视觉冲击力不强。

③对色彩进行合理地选择与配置，并成功运用色彩。

（2）明确色彩中主体与背景。

主体与背景的关系是既矛盾又统一的，画面中即要有商品的主体形象，又要有衬托作用的背景，对这两者的色彩处理，以对比手法居多。

（3）把握色彩的平衡性。

在运用色彩进行设计时，我们还要注意色彩的平衡与不平衡。要获得色彩在视觉上的平衡，可通过色彩的轻重、强弱、浓淡等来进行，因为色彩的轻重、强弱、浓淡等感觉决定着色彩面积大小、位置的高低，配置好这些因素，可以取得视觉上相互平衡。

（4）突出版面色彩亮点。

亮点是强调某一部分，突出画面重点，发挥色彩冲击作用，它通常使用较小面积，利用小面积的色彩亮点与其他颜色形成对比，从而显示出它的作用。

2. 文字的色彩搭配

在版式设计中，文字的色彩搭配就是依据色彩相互和谐作用的原理，对文字之间、文字与背景之间进行合理的配色，使文字具有区别化和易读性。

（1）文字与背景的色彩搭配。

①文字与背景的对比。在文字和背景的色彩关系中，最强烈的对比是"白底黑字"或"黑底黄字"，最弱的对比是"白底黄字"或"黑底紫字"。随着文字和背景的颜色逐渐接近，文字的易读性也在慢慢降低。

②字体与色彩的纯度。在文字设计中，由于不同类型的字体风格不同，也会影响颜色的表现力。中文的宋体字或西文的有衬线体可以上色的面积有限，过强的色彩对比反而会使较细的横笔画难于看清。因此，在设计时，常采用纯度较低的颜色，这样可以使文字看上去比较轻盈、灵巧。而黑体字或西文的无衬线体能够很好地体现色彩的感觉，所以，文字颜色的纯度可以高一些。

③背景色彩对文字效果的影响。在中等色彩对比的文字和背景搭配中，某些颜色的背景会比其他颜色更具有视觉上的冲击力。比如，同样颜色的文字在橙色和米色的背景中，前者就显得更为醒目，而后者就显得比较柔和。此外，当文字的颜色确定后，还可以通过运用单色或双色渐变的处理使背景产生变化，形成新颖的视觉效果。

④不同明度与纯度文字的色彩与背景色彩的和谐。考虑到文字与背景色彩的相互作用，当确定了背景的色彩风格后，文字的颜色可以在同一色相中通过改变色彩的明度与纯度来调整，以达到比较理想的配色效果。

（2）文字与文字的色彩搭配。

在处理字号比较大的标题颜色中，可以将各种颜色的字符作透明处理并重叠在一起，就会产生出有趣的效果来。这正是利用了色彩重叠时所产生的纯度变化，从而形成一种不同寻常的意境来。

将不同色相系列的字符群按照一定的规律相互叠加后，会产生出第三种颜色，为标题的颜色设计增加了新的视觉效果。

3. 图片的色彩搭配

在平面设计中，对空间的色彩搭配显得十分重要。一方面，要合理地运用色彩在版面中起到强调的作用，充分表达色彩设计的指向意义；另一方面是合理地根据色彩相互和谐作用的原理，在平面中各个板块之间合理地配色，使版面的色彩既富有个性，又平衡合理。

（1）色彩的强调性。

在平面设计中，色彩对阅读平面作品具有明显的引导作用，通过对重要的阅读主体的色彩进行保留或强化，并对非重要的要素进行去色处理，就会将读者的视线引导到色彩鲜明的景物上来，以达到引导阅读的目的。

图 3-109 就是对图 3-110 所做的色彩强调处理，在处理过程中，先将图 3-109 中的一条鱼做褪底处理，然后将图 3-15 做整体的去色处理，最后将保留色彩的鱼再粘贴回去色图片的原始位置，就得到了图 3-110 的处理效果。

图 3-109　原始鱼群图片效果

图 3-110　强调视觉要素的颜色处理效果

（2）图片色彩的和谐性。

在平面设计中,图片的色彩特征(比如照片)是在其拾取过程中就具有的色彩属性。因此,在使用该图片时就需要注意运用邻近色的和谐、补色的和谐以及分裂互补色的和谐来控制整个平面色彩要素的合理性。

比如,在使用以蓝色和黑色为基调的图片时,应注意使用黄色或其邻近色,因为黄色是蓝色的补色,可以使两种颜色被弱化,取得平衡。此外,黄色与黑色又能形成很强的色彩对比,能够在很大程度上形成图片的色彩张力。灰色通常作为中间色调可以平衡版面中的图片和文字,中间色的使用可以减少由于色彩过于浓重或过分张扬造成的色彩冲突。

（3）图片色彩的平衡性。

只要适当地调整明度或纯度,任何一种色相都能与另一种色相或一组颜色取得和谐,即取得色彩的相互平衡。互相冲突的两种色相的颜色放在一起,灰色通常可以作为中间色来平衡图片和文字的颜色。中间色的有效运用可以减少色彩浓重或过分张扬造成的冲突。色彩的交织是取得平衡的关键。

第四章　版式设计视觉创意

　　版式设计是信息的艺术,让信息得到受众的了解和认识是版式设计的主要诉求所在。版式设计要讲究秩序性,创造出符合受众阅读习惯的视觉流程才能吸引受众的视线、发挥其良好的视觉传达效果。流程清晰、重点突出,信息就容易得到受众的了解和认识;相反,流程往返复杂、视觉紊乱,就会影响视觉效果和信息传播。视觉流程往往是贯穿整个设计的主线,掌握版式设计空间的布局法,并首先根据其原理设计出合理的视觉流程,是提升版式设计水平的关键。本章主要围绕版式设计的视觉创意进行分析。

第一节　视觉法则贯穿

　　被认为开辟了英国美学新时代的夏夫兹伯里认为:"美是形式,是和谐的形式,或形式的和谐";"美、漂亮都绝不在物质,而在艺术和构图,也绝不在物体本身,而在形式或造成形式的力量"。就版式设计而言,版式设计的形式法则是创造美感画面的主要手段。设计的内容决定了其形式的采用,而形式不仅能表达主题主旨,更重要的是绝妙的版式设计可以彰显主题内容。

　　版式设计作为艺术形式中的一种,自然也遵循美的形式和美的原理。将对称与均衡、节奏与韵律、对比与调和等形式美的法则运用于版式设计,帮助设计师更好地应用对比、节奏、空间等因素,从而能够克服设计中的盲目性,也能为设计作品提供强有力的依据,丰富设计的内涵。

一、对称与均衡

两个同一形的并列与均齐,实际上就是最简单的对称形式。对称是平衡法则的特殊形式,对称是同等同量的平衡。对称的形式有以中轴线为轴心的左右对称;以水平线为基准的上下对称和以对称点为源的放射对称;还有以对称面出发的反转形式。其特点是稳定、庄严、整齐、秩序、安宁、沉静。均衡则是一种等量不等形或同形而不等量的表现形式,稳中有动是其主要特点。

传统的版式设计以严格的等形等量,求满求全为对称特点,这种绝对的对称有时使人感到刻板;当代的对称形式则更为灵活多变,而且更多地使用对称骨骼,在大对称中寻求局部变化等,在对称中求得极小的不对称的灵活变化。

对称与均衡是一对统一体,常表现为既对称又均衡,实质上都是求取视觉心理上的静止与稳定感。关于对称与均衡也可从两个方面来分析,即对称均衡与非对称均衡。对称均衡是指版面中心两边或四周的形态具有相同的公约量而形成的静止状态,也称为绝对对称均衡。另外,上下或左右基本相等而略有变化,又称为相对对称均衡。绝对对称均衡给人更庄严、严肃之感,是高格调的表现。但处理不好容易单调、呆板。非对称均衡是指版面中等量不等形,而求心理上"量"的均衡状态。非对称均衡比对称均衡更灵活生动,富于变化,是较为流行的均衡手段,具有现代感的特征(图4-1)。

二、节奏与韵律

歌德曾说:"美丽属于韵律。"韵律和节奏都是来自音乐的概念,正如沃尔特·佩特所言:"所有的艺术都在向着音乐的境界努力。"现代版式设计也不例外。节奏与韵律被现代排版设计吸收,成为版式设计常用的形式。

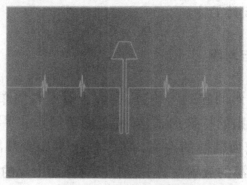

图 4-1　对称与均衡

　　节奏是均衡的重复，是在不断重复中产生频率节奏的变化。如心脏的跳动，火车的声音，以及春、夏、秋、冬的循环等都可视为一种节奏。版式设计中的节奏是按照一定的条理、秩序、重复连续地排列，形成一种律动形式。它有等距离的连续，也有渐变、大小、长短、明暗、形状、高低等的排列构成。版式中的节奏是多种多样的，如图形和色块的错落形成的节奏，渐次变化带来的节奏，紧与松的对比形成的节奏，连续版面形成相互间的节奏，展开页面的设计产生弱、强、弱、平的节奏感，文字的轻重缓急产生的韵律节奏等。

　　韵律不是简单的重复，而是比节奏要求更高一级的律动，如音乐、诗歌、舞蹈。用版面来说，无论是图形、文字或色彩等视觉要素，在组织上合乎某种规律时所给予视觉和心理上的节奏感觉，即是韵律。韵律就好比是音乐中的旋律，不但有节奏更有情调，它能增强版面的感染力，开阔艺术的表现力。在本质上，静态版面的韵律感，主要是建立在以比例、轻重、缓急或反复、渐层为基础的规律形式上。

　　韵律是通过节奏的变化而产生的，如变化太多失去秩序时，也就破坏了韵律的美。节奏与韵律表现轻松、优雅的情感（图4-2）。

图 4-2 节奏与韵律

三、对比与调和

对比是差异性的强调,同一版面上相同或相异的视觉要素会造成显著对比,各视觉要素间都存在着一种对比关系。也就是把相对的两要素互相比较之下,产生大小、明暗、黑白、强弱、粗细、疏密、高低、远近、硬软、直曲、浓淡、动静、锐钝、轻重的对比,这些对比相互渗透并互相作用,最终产生强烈的视觉效果。对比是将相同或相异的视觉元素作强弱对照编排所运用的形式手法,也是版面设计中取得强烈视觉效果最重要的视觉手法(图 4-3)。

图 4-3 对比

调和是在类似或不同类的视觉元素之间寻找相互协调的因素,也是在对比的同时产生调和,其特点是适合、舒适、安定、统一，是近似性的强调，使两者或两者以上的要素相互具有共性。版式中调和的方法主要有：用同一元素调和版面，用渐次的形象变化调和版面，用统一的色线调和版面，用相似的形象和方向调和版面等。调和的手法常用于同一版面的不同图形之间或者连续版面之间（图 4-4）。

图 4-4　调和

对比与调和是相辅相成的。所以许多版面常表现为既对比又调和，两者相互作用，不可分割。对比与调和，对比为加强差异，产生冲突；调和为寻求共同点，缓和矛盾。两者互为因果，共同营造版面的美感。一般而言，版面整体寻求调和，版面局部强调对比（图 4-5）。

图 4-5　对比与调和

四、虚实与留白

中国传统美学上有"计白守黑"这一说法，其中"黑"是指编排的内容，也就是实体，"白"就是指留白。留白是指版面中未放置任何图文的空间，它是"虚"的特殊表现手法。"虚"也可为细弱的文字、图形或色彩，根据内容而定。虚实对比处理往往能使版面层次更丰富。

留白的形式、大小、比例决定着版面的质量。留白的感觉是一种轻松，最大的作用是引人注意。在排版设计中，巧妙地留白，讲究空白之美，是为了更好地衬托主题，集中视线和造成版面的空间层次。因为图形、文字等符号的作用发挥依赖于空间的存在。留白能够更好地烘托主题，渲染气氛，使版面更臻完美，可有意以留白来衬托主体。

在阅读时，读者一般将兴趣投入到文字和图片上，至于空间与留白，却往往被忽略。留白在版式设计中与其他元素比起来，显然并没有受到应有的重视，很多人接受不了留白认为留白会使版面显得空乏无物。其实不然，现代版式设计和书法、绘画一样，是艺术作品，那么适当的有个性特点的留白可以形成一定的节奏感和韵律感，成为版式设计独特风格的重要组成部分。版式设计要做到疏密得当、张弛有度，很多时候都要靠留白来实现。反之，留白要适度，过度的留白跳跃过大，可读文字过少，就会浪费版面，产生信息阻滞（图 4-6 ）。

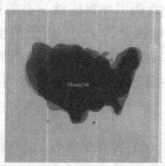

图 4-6　虚实与留白

总的来说,好的版式设计必须遵循最基本、最主要的形式法则,同时兼有可读性、艺术性和美的展现形式,达到传播功能和审美功能的均衡协调。

第二节 视觉分析方法与网格打破

一、视觉元素对版式设计视觉流程的影响

（一）点和线对视觉流程的影响

点、线、面是艺术设计中抽象的视觉元素,也是创造版面视觉流程的重要元素,它们的相互呼应在版式中发挥重要作用。

点是视觉元素中最简洁的图形。由于点同其他视觉元素相比,更容易形成画面的视觉中心,甚至起到画龙点睛的作用。所以版式设计中首先要考虑点与整个版面的关系,这个关系包含两层含义:其一,考虑点的大小、比例与版面的相对关系;其二,组织、经营点与版面上其他视觉元素的关系。前者是为了获得视觉上的平衡与愉悦、视觉流程上的合理与舒服,后者则有助于构造版面的和谐美感。

由于线条具有方向性,视觉信息的编排直接就可以依据线型传达一定的方向性。例如,一条垂直线在版面上,能引导视线上下的视觉流动;水平线能引导视线做左右的视觉流动;斜线比垂直线、水平线有更强的视觉诉求力;矩形的视线流动是向四方发射的;圆形的视线流动是辐射状的;三角形则随着顶角的方向使视线产生流动;各种图形从大到小逐层排列时,视线会强烈地按照排列方向流动。

（二）文字、图形、色彩对视觉流程的影响

文字、图形、色彩是版式设计中最基本的视觉要素,也是形成

版面视觉流程的主体要素。考虑这三个要素对视觉流程的影响，主要是考虑在具体的版面设计中，如何将文字、图形、色彩进行美观有序的编排与结合，从而能够很好地传达版式设计的内容。在一张具体的版面中，应根据设计的具体目的和要求，来为版面确定一个总的设计基调，可以对文字和图形的特性进行统一，也可以从空间关系上来统一基调，使文字和图形的组合更加和谐一致。在做具体的设计时，一方面可以根据图形、图片中的特点和细节来合理编排文字，如图片中的某个形状、姿态、走势等；另一方面，也要尊重字体本身的含义和特征，使文字与图形从视觉形式和精神内容上都能达到良好的统一。然后再根据图形、文字的特点、内涵和整个版面的基调来选择版面的色调。

二、版式设计视觉流程类型

版面视觉流程的筹划包括几个重要因素，如元素的位置、编排的方向、路程的组合。如何有效组织版面的视觉元素创造合理的视觉流程，是版式设计成功的关键步骤。视觉流程的创造可以抓住流程线的构成要素进行设计。根据流程线的运动规律，视觉流程可分为以下几种主要类型：线性视觉流程、焦点视觉流程、反复视觉流程、导向视觉流程、散点视觉流程等。

（一）线性视觉流程

线性视觉流程分为直线视觉流程和曲线视觉流程。

1. 直线视觉流程

直线视觉流程使版面的流动线更为简明，直接诉求主题内容，有简洁而强烈的视觉效果。其表现为三种方向关系。

竖向视觉流程：给人坚定、直观之感（图 4-7）。

图 4-7　竖向视觉流程

横向视觉流程：给人稳定、恬静之感（图 4–8 ）。

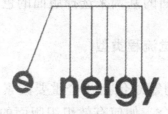

图 4-8　横向视觉流程

斜向视觉流程：给人以动感，视觉冲击力强、注目度高（图 4–9 ）。

图 4-9　斜向视觉流程

2. 曲线视觉流程

各视觉要素随弧线或回旋线而运动变化，称为曲线视觉流程。比起直线视觉流程直接、明了的特点,曲线视觉流程独具韵味和曲线美。曲线视觉流程的形式微妙而复杂,但大体可归为三种基本类型:弧线形"C"(图4-10)、回旋形"S"(图4-11)和自由曲线型(图4-12)。弧线形"C"具有饱满、扩张和一定的方向感;回旋形"S"两个相反的弧线则产生矛盾回旋,在平面中增加深度和动感;自由曲线型视觉流程容易形成生动活泼的版面设计,容易形成节奏和表现韵律美感。

图4-10 弧形线"C"视觉流程   图4-11 回旋线"S"视觉流程

图4-12 自型曲线由视觉流程

曲线视觉流程可以通过曲线大小、形状和位置的变化,在版面上寻求一种空间感和运动感,造成曲线的视线导向。虽然曲线不如直线视觉流程稳定性、识别性强,但是只要曲线按一定的排列建构版面,就能解决识别度的问题,并可为设计者提供很大的设计自由度。

（二）焦点视觉流程

焦点是指视觉心理的焦点，焦点视觉流程是指从版面焦点开始，顺沿形象的方向与力度的倾向来发展的一种视线进程。在视觉心理作用下，焦点视觉流程的运用能够使主题更为鲜明、强烈。焦点视觉流程中的焦点是否突出，与页面版式编排、图文位置、色彩的运动以及对焦点的设计有直接关系。

创造焦点视觉流程的两个关键问题：第一，焦点的设计；第二，运动形式的安排。在具体的设计处理上，建造焦点一般有以下两种方法：①让主要形象或文字独占页面某个位置或完全充斥整个版面，以此吸引受众的视线，完成视觉心理上的焦点建造；②通过有别于其他视觉元素的处理方式处理主要形象或文字，以使其凸显，达到吸引视觉，引导传达的作用。如通过强调图形语言、色彩的对比强烈或通过独特字体与大小或位置空间的特别处理，而其他元素则根据流程的方向转移。

焦点视觉流程运动的形式主要有"向心"和"离心"这两种（图4-13、图4-14）。在视觉流程上，首先是从版面的焦点开始，然后顺沿形象的方向与力度的倾向来发展视线的进程。

图4-13　向心型焦点视觉流程

图 4-14　离心型焦点视觉流程

（三）反复视觉流程

反复视觉流程是指相同或相似的视觉要素做规律、秩序、节奏的逐次运动形成的视觉流程。反复视觉流程虽不如线性视觉流程和焦点视觉流程运动强烈，但更富于韵律美、节奏美和秩序美（图 4-15）。

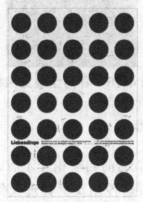

图 4-15　反复视觉流程

（四）导向视觉流程

导向视觉流程是指设计者在版式设计中主观加入指示性强的力，使受众的视线根据指引而流动，从而达到主动引导视觉浏览的目的。这种视觉流程能使版式的条理清晰、主题突出。设计者主观加入的指示元素则有助于识别。

导向视觉流程的设计一般有两种方法：采用指示性强的符号引导视线；根据人们的视觉习惯，结合最佳视域的理论，将重要的信息放在左上角或版面顶部，然后按重要性依次放置其他内容。

编排中的导向，有虚有实，表现多样，如文字导向、手势导向、形象导向以及视线导向。通过这些导向元素，主动引导受众视线向一定方向顺序运动，由主及次，把画面各构成要素依序串联起来，形成一个有机整体，从而使得整个版面重点突出、条理清晰，发挥最大的信息传达功能（图 4-16）。

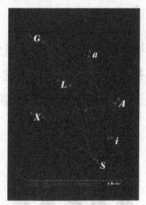

图 4-16　导向型视觉流程

（五）散点视觉流程

散点视觉流程看似与前四项相互矛盾，其实是在前四项基础上的一种突破与创新，这种创新更具现代气息，它给设计师更大的空间去体现其个人风格与编排技巧。

散点视觉流程是一种无明确焦点、导向的视觉流程，它是版面图与图、图与文之间呈自由分散状态的一种编排形式。散点编排强调感性和自由随机性，强调空间和动感，追求新奇、刺激的心态，常表现为一种趣味性较强的、随意的编排形式，适合应用在内容较少的版式编排中。受众面对散点版面的阅读过程通常是视线随版面图形、文字做或上、或下、或左、或右的自由移动阅读的过程。这种阅读过程不如直线、弧线等流程快捷，但更生动有趣。也许这正是版面刻意追求的轻松随意与慢节奏。这种编排方式在国外平面设计中十分流行。

　　散点视觉流程中视觉元素位置的力场相互作用是无规律的，视线不能形成统一的视觉虚线。运用散点视觉流程方法，版面的各视觉元素一般为非并列关系，元素也非等量空间，将枯燥的元素付诸新的视觉语言，使之更有视觉效果，增强可读性（图4-17）。

图 4-17　散点视觉流程

三、建立视觉结构

（一）横向分割

　　横向分割即上下分割型。横向分割的版面就像"日"字或"目"字形结构，画面中有一条或多条水平线，将空间一分为二或者二分为三。由线条、文字、图片的边缘构成分割线。如果这条分割线受到其他因素过多的干扰，那么横向分割的效果将不明显。

　　横向分割给人以水平视觉感受。犹如黄昏时，水平线和夕阳融合在一起，黎明时，灿烂的朝阳由水平线上升起。水平线给人稳定和平静的感受，无论事物的开始或结束，水平线总是固定地表达静止的时刻。横向分割在版式上的表现是一种舒展平和、安静沉稳和庄重的静态之美。

整个版面分成上下两部分,在上半部或下半部配置图片。图片可以是单幅或多幅,另一部分则配置文字。图片部分感性而有活力,而文字则理性而静止。当横向分割构图的标题固定在画面的上端时,这种构图给人以安全感,是一种强固构图。视线会由上而下流动,讲究秩序。插图在画面的上端位置,先以插图引起人们的兴趣,接着利用标题诱导读者的注意力,随后了解全部。

横向分割有四种形式(图 4-18):上半部为整幅图片,下半部配置文字;上半部配置文字,下半部为整幅图片;上半部为多幅图片,下半部配置文字;上半部配置文字,下半部为多幅图片。

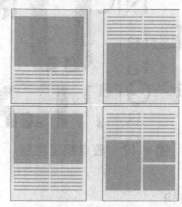

图 4-18　横向分割形式

当横向分割是上半部放图片、下半部配文字时,最大优点就是可使我们能够自觉地阅读到下面的文字,即所谓的流程设计。横向分割构图可以是分别上下的两或三部分组成。

罗宾·尤曼视觉工作室优秀设计,采用上半部配置文字、下半部放置图片的横向分割方式。颜色以黑白为主,加强了视觉冲击力(图 4-19)。

(二)纵向分割

当你翻开一本书时,随即会出现一条中缝,它将书页分为左右两面,即形成了我们讲的纵向分割。纵向分割即左右分割型,它与前一种形式正好相反。

图 4-19 罗宾·尤曼视觉工作室优秀设计

整个版面中出现一条或两条垂直分割线,将画面纵向分成几个部分,分别摆放文字和图片。文与图的属性不同,总会形成强弱对比,造成视觉心理的不平衡,所以要处理好分割的面积、疏密、色彩、虚实等问题。如果将分割线虚化处理,或用文字贯穿被分割的空间,就可以把截然分开的几部分有机地联系起来,达到平衡的效果。

纵向分割有两种形式(图 4-20):左面配置图片,右面为文字,阅读顺序从图开始;左面为文字,右面配置图片。

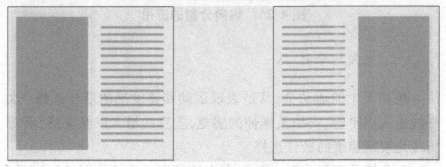

图 4-20 纵向分割形式

垂直线的运动感,正好和水平线相反。垂直线表示向上伸展的活力,具有坚硬和理智的意象,使版面显得冷静而又鲜明。将垂直线和水平线作对比的处理,可以使两者的性质更生动,不但使画面产生紧凑感,也能避免冷漠僵硬的情况产生,相互取长补短,使版面更完美。

分割自身具有认识新空间和运用新空间的价值,恰当的分割是为了更好地结合与重组。纵向分割比较适合摆放狭长的图片,分割线越多越是如此。在狭长的区域内排列文字,首先要考虑人们的阅读习惯。文字行过短,阅读会很不舒服,纵向排字时字行过长也是如此。字体的外形特征,如扁体字适合作横向的编排组合,长体字适合作竖向的编排组合。

纵向分割构图在其原则的基础上,排版也可加以突破,如图片与文字可以穿插,进而协调纵向分割的构图。如印度时尚杂志的内页,没有明显的分割线,左面配以退底图片和大的标题,吸引人的视觉注意,右边是文字的排版,方便读者阅读(图 4-21)。

图 4-21　纵向分割的应用

（三）对角线分割

线是天生的运动员,其是表现运动和速度感的最佳选择:水平线给人以平静、安稳及延伸的感觉,垂直线给人以纵深感,而对角线是表现速度的最佳选择。

对角线分割形式是一种强有力的带有动感的构图,视线自倾斜角度由上而下或自下而上被引导流动。对角线分割的构图适合表现某种激烈的情绪或引人注目的信息,比如"大减价""隆重登场"等大声叫卖的语气,比较适合用这样的编排。

对角线分割构图可以全部或部分向右边倾斜,也可以向左边倾斜(图 4-22)。

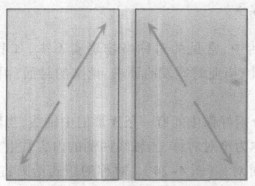

图 4-22　对角线分割的形式

　　版面主体形象或者多幅图片作倾斜编排,造成版面强烈的动感和不稳定因素,引人注目。对角线分割构图,可以沿着对角线安排图形或文字,但两侧空白较多,也可以将图形和文字的外轮廓排列成三角形,从而形成对角线。但对角线分割相对来说比较浪费面积,在海报、商业广告、杂志内页里比较常见,而报纸排版较少采用。

　　对角线分割的构图可以没有明确的分割线,一般使用文字、图形或留白的空间进行无形的分割。对角线会使版面出现两个三角形空间,所以要特别注意不是所有的图片都适合放在这样的形状内。

　　招贴以文字作为整个版面的主体,利用黑色的斜线、文字和留白对整个画面进行了重新划分(图 4-23)。

图 4-23　对角线分割的应用

（四）对称型

日常生活中，常见的对称事物确实不少，如我们常见的树叶、羽毛、面孔、毕业时颁发的证书、论文的封面、国徽、政府的文书等。

对称型分割好像中间有一条无形的中轴线，当轴线的两侧完全一样时被称为绝对对称，当轴线两侧的内容发生方向上的改变时被称为相对对称（图4-24）。对称的版式给人古典、理性的感受，一般版式设计中采用相对对称手法较多，因为可以避免过于呆板。

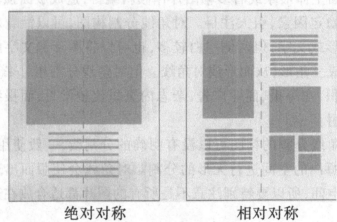

绝对对称　　　　　　　相对对称

图4-24　对称型的形式

在版式设计中，对称给人稳定、平衡、理性的感受。对称型的构图在版式设计中十分常见，尤其是文字的排版，运用得当会有意想不到的效果。

加拿大詹姆斯·怀特的海报设计，运用了大小不同的绿色的点形成圣诞树的组合转化，在树顶上施以颜色的变化形成一个兴趣点，色彩鲜艳，视觉中心突出（图4-25）。

图4-25　加拿大詹姆斯·怀特的海报设计

（五）网格型

网格就好像是城市高楼的表面。网格型就是在版面上按照预先确定好的格子为图片和文字锁定位置。不见得所有版式编排都需要用网格来约束版面,但是网格系统在一定程度上可以保持版面的均衡感,使图片和文字有一个排列的规则和秩序,从而让整个版面更加具有规划性（图4-26）。

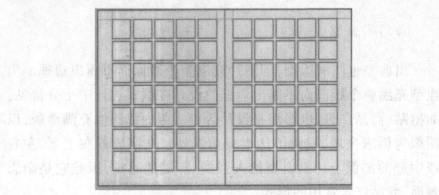

图4-26　网格示意图

网格设计能够将复杂的排版变得更加得心应手,往往一个版面有较多内容或图片时,运用网格排列可以有效地解决版式设计中杂乱的问题,使设计师能够方便地安排和组织版面中的各种元素。

应该利用有效的网格排出灵活的版式。版式设计中的网格运用十分普遍,通过合理的版面划分可以使其具有一定的节奏变化,产生美的韵律。

网格设计在实际运用中看起来十分严谨,但运用不好会显得表情呆板。设计师在运用中应该适当地打破网格的束缚,从而使版面显得静中有动。

Adobe 公司旗下软件的宣传广告,将各种公司旗下软件的图标按照网格方式有序排列(图 4–27)。

图 4-27　Adobe 公司旗下软件的宣传广告

(六)出血型

出血型也叫满版型,即图片充满整个版面而不露出边框。出血型充满整个版面而不露出边框的设计在版式设计中十分常见,如招贴、商品广告、电影海报设计等等。版面以图像充满整版,以图像为诉求主题,视觉传达直观而强烈。文字放置在上下、左右或中部的图像上。出血型给人强烈、舒展的感觉,因此它是杂志封面、商品广告常用的形式。

过去的老式电视机四周都有很宽的边,显得屏幕很小,而现在的超薄电视和电脑显示器几乎没有了边框,显得视野更开阔、更时尚,因而也更有现代感。这也是类似出血型的一种表现。

出血型意在追求图像的“大”,这在日常生活中表现极为普遍,如巨幅广告就越来越大。出血型的版面能更好地表现戏剧性,使细节表现得更清晰。

罗马利亚 POP 海报设计,照片充满整个画面,给人大方、舒展的感觉(图 4-28)。

图 4-28　罗马利亚 POP 海报设计

(七)三角型

三角型分割是在版面中将文字或图片形成一个类似三角形的构图。在圆形、四方形、三角形等基本形态中,正三角形(金字塔形)是最具安全稳定因素的形态,而圆形和倒三角形则给人以动感和不稳定感。自然中的山川、人造的金字塔、参天大树,都给人以崇高、稳固、坚实、挺拔的印象,它所占的面积越大,这种感觉就越强烈。反之,如果三角形缩得很小,则很难显出以上的效果。

三角型不仅仅指三角形状的物体,它其实还包含了在不同形状之内安排各种形态的适应性。就像在图案中有一种叫作适合纹样的造型方式,让植物的花、茎、叶都妥帖地适应于某种外轮廓的约束。

三角型可以由图文组成三角形,也可以由空白形成三角形。

整版跨页中粗黑的文字突出醒目,形成了一个倒三角形,构成了有趣的空间分割。这种设计形式感强,但阅读起来不太方便(图 4-29)。

图 4-29　三角型版式设计

（八）自由型

自由型在看似无规律的、随意的编排构成中潜藏着无形的结构。自由型给人以活泼、轻快的感觉，它不再有显而易见的分割线，版面元素之间的空隙复杂多变，没有规律，运用的图片可能是方形图、退底图，还可以裁成圆形或三角形。因此它是与前面的版面类型有着明显区别的。

自由型适合表现设计元素复杂多样的内容。这种版式常用于表现设计类、艺术类风格的版面，设计者在使用时应根据具体的设计主题来把握是否采用。运用自由型排版应注意元素之间的空间关系，设计者容易把注意力放在设计元素上而忽略了留白空间的要素。

我们都追求自由的生活状态，但不代表没有任何规矩的约束。在版式设计中的自由型也是同理，自由并不等同于没有任何的设计限制。只有了解这一点，才能真正享受设计的自由。

图 4-30 的招贴设计，分散摆放由树枝构成的字，其间距比较均匀，自由中又有对称的感觉。

图 4-30　招贴设计

四、基于视觉分析的网格系统

（一）版式设计的网格系统概述

设计师将版式设计的视觉元素,如正文、插图、大标题、小标题、页码和边注按照设计中的艺术原则进行编排组织。并将这种格式运用到系列设计或多页排版中,这种统一分割版面的格式称为网格系统。

网格是将设计的页面分成一个个小方格或单元,这样做的好处是让版面规整有序,避免凌乱。在进行版式设计时,面对大堆需要排版的信息往往会束手无策,不知道该把哪条信息放在哪个适当的位置。了解网格系统有助于我们从整体入手,暂时抛开细枝末节,建立版面的大框架。

网格中的单元格往往是根据设计内容而定的,内容越多,单元格越多,并且根据内容的主次、多少来限定单元格的大小和位置。

在拿到需要编排的文字和图形时,第一件事情是要清楚最想让读者看到什么、知道什么,然后在网格中的单元格中填入适当的文字和图片,需要强调的是适当调整单元格的大小和位置。

网格系统能够决定版面是否零散或者整齐,还可以确定版面上的文字和图片的比例,使阅读产生有序的节奏感。

　　设计师莫霍利·纳吉开创了版式设计网格系统的早期应用。他把书籍的版面用线条进行分割,再把图形、文字根据需要编排进分割的空间里。第二次世界大战后,瑞士的设计师发展并完善了莫霍利·纳吉的网格应用。由于网格系统的规范性,对整个国际交流起到了积极的作用,所以网格系统发展的快速和广泛,最终形成了比较标准化的版式网格系统。

　　网格系统的应用与现代信息大量传播的趋势相适应,因此在平面设计中得到了广泛的发展,使平面设计在视觉效果上更具统一性和完整性。

　　我们来看看网格是怎样的吧!如图 4-31 所示,首先,版面四周要留出页边,采用 1 磅的线条;然后,把版面按一定比例等分,使其成为一列一列的、互相不受影响,注意每个单元格之间也有一条空白的分隔带。

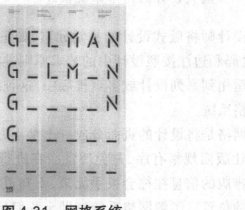

图 4-31　网格系统

（二）版式设计的网格系统

　　网格系统被广泛运用于书籍、杂志、报纸、网页中,由于网格系统将版面划分为不同的功能区,所以版面看上去更加有条理和次序。

　　网格系统需要注意以下几点。

1. 确定网格系统的类型和风格

不同的读物有不同的版面要求,这就需要运用不同的网格系统(图 4-32)。设计师应该根据设计主题和创意的需要来安排网格系统的类型和风格。如新闻刊物就要求细密的网格;儿童读物的网格应该宽松,应以图片为主;时尚类的读物要注意网格的变化和多样性。

图 4-32　不同的网格结构

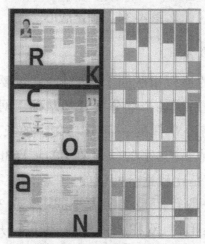

图 4-33　版式设计中网格结构的具体体现

2. 确定版心

版心是图片和文字在版面中占的位置和面积。设计师在安排版心时要根据设计对象的内容、体裁、阅读效果、成本、开本大小等诸多因素进行考虑（图 4-34）。

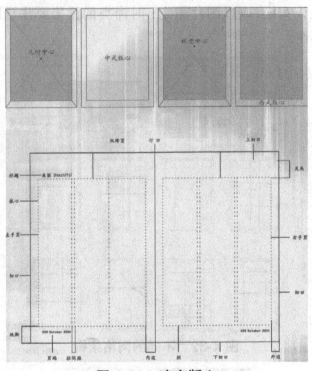

图 4-34　确定版心

3. 确定栏的数量

一般版面中的通栏指版面上的竖栏，它主要是设置文字和图形的位置，是网格系统各个部分展开的基础。网格系统中还有横栏，也是设计师需要掌握的一部分。文字的长度直接影响竖栏的大小，一般情况下，文字的长度在 80 ～ 163mm 之间，字数在 17 ～ 34 个范围内是比较适合阅读的。在确定文字大小及长度后，还要考虑行距，一般行距是文字大小的 1/2 或 3/4。竖栏的形式不受限制，可以是单栏、双栏或多栏的，也可以是整栏或半栏的，具有极大的灵活性。它根据设计的需要进行安排和调整。横栏确定了版面中横向方面的主要关系。横栏的大小尺寸依据具体情况的变化而变化。

4. 确定标题的大小和变化

在平面设计的版面设计中,一般都有好几个标题,如主标题、副标题和小标题。还有一些设计内容有特殊的标题分类。设计师在编排版面时,要根据传达信息的次序,设计的主题思想来安排各个标题和文字的大小、排序和方向。设计师既要注意区分读者阅读各个标题的顺序,又要注意整个版面的统一性和整体性。设计师既要使各个标题富于变化,又要在标题和文字的字体、颜色上加强统一性(图 4-35)。

图 4-35　版面的标题

5. 填入文字和确定文字字体及装饰方法

设计师在填入需要向阅读者传递的文字内容后,就要考虑用什么样的字体和装饰方法。字体并不是随意确定的,而是设计师根据设计内容和主题来确定的。不同的字体带给人的视觉感受和心理感受是截然不同的。所以设计师还要对字体设计有专门的研究。在装饰手法上应该根据字体的特点来设计,还要注意版面整体装饰手法的一致性(图 4-36)。

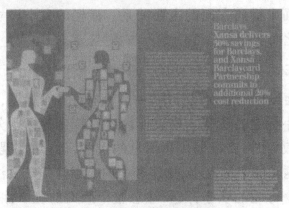

图 4-36　版面的文字

6. 填入插图和确定其位置和风格

插图在版面中起到帮助读者阅读和理解文字的作用。插图的表现形式多种多样，有照片写实式的、绘画式的，也有装饰性的。插图的表现形式要根据文字的主题来确定。插图的大小、形状直接影响版面的视觉效果。插图的位置也对人们的阅读顺序起到辅助作用。

7. 确定页码的位置和大小

页码虽然在版面上所处的位置不大，但是可以起到版面之间前后呼应的作用。页码虽然很小，却不能忽视它的作用，它也是设计师需要注意的地方。

（三）网格系统在版式设计中的运用

以设计一个报刊为例，首先，要考虑设计区域的大小和形状，需要根据报刊的内容确定是三栏还是四栏甚至是五栏，在稿纸上划分栏数以及填入直线，当然，直线代表内容的文字。这时需要对大标题和副标题进行放大，以使其醒目。对大标题和副标题的放置是要动一番脑筋的，尽量多设计几个方案。对需要的图片进行放置，画出大概摆放的位置，注意和文字的关系。在大体框架确定后，可以对标题字体进行设计，也可以把图形变成不规则形，打破版面的平庸。

五、打破网格的自由编排

（一）对于自由的向往

人类有对理性秩序的需求，自然也有对自由奔放的向往。

设计师是否会对网格系统产生厌倦情绪？是否看腻了比例、尺度、模块，当见到有机的自由形体时会为之一振？一些设计师认为网格是存在于20世纪的现象，将被21世纪所淘汰。而另一些则坚信网格始终是设计中不可缺少的强有力的元素，无论是在建筑设计还是平面设计中，通过现今的电脑等高科技手段，我们都可以将网格运用得更丰富多变，使网格更模糊地隐藏在设计背后而不被发现。

很多年轻的设计师喜欢采用自由版式，追求特立独行的效果。自由版面看上去随心所欲、富有生气，实际上要驾驭它并不容易，只有经验丰富的设计师才能够胜任，否则安排不当会造成版面的混乱。如何解决编排在形式与功能上的冲突，如何在追求版面的狂放与变化的同时，能够完成传达信息的目的，是自由编排设计矛盾性的一面。

无论如何，自由的编排形式一直以来都存在着。它渴望打破传统，强调非理性、不稳定性、非规律性。它试图消除理性的网格系统所带来的呆板僵硬的弊端，朝着洒脱随意、无规无矩的方向发展（图4-37）。

（二）自由编排的发展

20世纪60年代之后，很多设计师不满足于理性主义的设计主流，开始寻找新的表现形式，其中比较突出的是法国独立派设计师哥特·登贝（Gert Dumbar）创建的荷兰登贝设计工作室和以戴维·卡森为代表的美国和英国的新青年设计师等。

图 4-37　文字插图 *Blood cell* (by Peter Anderson)

　　早期自由编排设计,由于印刷手法的限制,画面多为黑白单色。如法国独立派设计师罗伯特·马辛(Robert Massin)的设计,大多为单色版画作品。概括如剪影般的人物形象,配合不拘一格、自由洒脱的文字组合,形成其独特的个人风格。

　　随着技术的发展,自由编排进入到一个前所未有的阶段。登贝的设计在作品中大量采用摄影合成技术,利用光影的变化进行图文叠加,使画面具有三维的错觉。登贝非常注重对字体的选用,常常独立设计字体,以精湛的编排组合方式,将文字纳入版面空间中。虽然登贝的设计作品乍一看似乎内容很多,画面很乱,但其实他对于信息的归纳处理恰当,文字传递准确迅速,很好地解决了自由形式和传达功能这两者间的矛盾。

　　自由编排设计开始逐渐走向成熟,技术的发展使创新的机会也比以往任何时候都更加明显。走出传统的网格系统,同样能创造出独特的设计,并让它们正常发挥传达的功效。自由编排设计正日新月异,变得更为丰富多彩,也显示了它的可用性和引人之处。

　　（三）对待自由编排的态度

　　许多资深的设计师改变了我们的思考方式,改变了我们长久以来一直使用的这种网格设计模式。对一部分人来说,舍弃网格是很容易的,但对于大多数人来说,却很难超越,关键在于如何主动地抛弃惯例。

　　设计中的网格,用现有的技术和技巧,我们可以理性地按照指引进行编排,或者,我们也可以完全打破这种网格,随心所欲地创造超越网格的设计。后者无疑将会增强设计的灵活性,而摆在我们面前的挑战就是如何摆脱狭隘的思想,超越网格布局。

　　我们可以根据传统的网格布局,做一些多样化的设计,也可以解除网格机构,或者完全抛弃它,选择极具挑战的自由布局方式。网格之外是一个无限广阔的空间,但我们需要的是进一步的思考,而不是倒退到过去的那种设计模式中去。

　　此外,风格和时尚是设计中不可忽略的两个方面。不要把时尚和风格混淆起来。风格是在社会和顾客的实际需要中形成的,每个设计师在设计的过程中都会逐渐形成自己的个性和风格。而流行时尚则是一阵风,如同一些急于表现优雅或老练的人所做出的一种肤浅的状态。设计并不是借机炫耀最新的视觉见解,设计师不能为了设计而设计,不能过于追求短暂的流行。

　　优秀编排的定义之一就是:在单一性和设计师的随心所欲中找到平衡点。

第五章　版式设计与传统平面创意应用

版式设计要想通过各种途径来适应时代的发展,那么设计者就应该致力于将设计、技术与艺术完美地结合,开拓全新的视觉空间,使视觉文化成为版式设计的主导潮流,进而大胆推陈出新,达到更佳效果。本章将对标志版式、包装版式、招贴版式以及书籍装帧版式展开论述。

第一节　标志版式

一、标志设计的释义

"标志"的英文为"Symbol",即为符号,与"象征"为近义词。标志是一种图形传播符号,它将具体的事物、事件、场景和抽象的精神、理念通过特殊的图形固定下来,以精练的形象向人们传达企业精神、产业特点等含义。简而言之,标志就是商标、标记、符号的统称。

标志作为企业 CIS(企业识别系统)战略的最主要部分,在企业形象传递过程中,是应用最广泛、出现频率最高,同时也是最关键的元素。随着人们思维的活跃和社会活动的日益增加,标志图形也渐渐丰富多样起来,用特殊的文字或图像组成的大众传播符号,应用于各个领域,标志中所应用到的文字主要有字母、汉字、数字等。

二、不同设计要素在标志版式中的运用

（一）文字要素在标志版式中的应用

1. 文字在标志版式中的运用类型

在现代标志设计中，文字占有相当重要的地位。标志中的文字应用类型主要体现在以下几个方面。

（1）文字型标志。

文字型标志是以文字独特的造型结构和文字形式作为标志的视觉主体效果，以文字的内涵为标志的拓展意义，这种形式的标志最为常见。一般分为汉字型标志和字母型标志，通过对文字的特殊变形处理，设计成为适合于企业、品牌或产品的象征化符号。例如联想、阿迪达斯、耐克、戴尔等世界著名品牌都是用纯文字型的标志，特别是"联想"。中国本土品牌联想于 2003 年 4 月 28 日召开新闻发布会，宣布：联想品牌新标志正式启动。从这一天起，联想换掉了沿用了 19 年的价值 200 亿元的标志"legend"，而采用新的标志"Lenovo"。通过标志的更改和完善促使联想企业的文化、管理和技术得到重新整合，并且标志的更替代表着联想向国际化市场进军的开始。

图 5-1　联想标志设计

（2）与图形相结合的文字标志。

与图形化标志组合应用的标准字是企业视觉识别系统中重要的构成元素，主要指的是企业标准字和产品名称标准字。由于文字具有明确的诠释性功能，可以直接将企业的文化理念、管理模式和品牌名称表达出来，补充说明图形标志的内涵。所以，企业的标准字应运而生，并在国际上快速发展，成为国际化企业必

备的设计元素。图5-2所示为作者为贝湾烘焙设计的标志。该标志的字体与图形相结合十分具有创意。

图5-2　标志设计（吴冠聪）

2.文字在标志版式中的运用要领

标志版式设计中的文字运用要领主要体现在以下几个方面。

（1）文字在标志设计中运用时,首先要考虑文字与形态的统一性与完整性,在使用上,既能放大看又能在很小的状态下不影响视觉效果。

（2）形态要简练生动,突出主题并注意正负形的处理,同时信息传递要准确。在颜色的运用上要简洁明快、把握属性。

（3）准确传达出行业信息。

（二）图形要素在标志版式中的运用

1.图形在标志设计中的作用

标志是一种视觉符号。它用视觉沟通的方式来实现其功能,所以视觉造型是标志设计中的根本性工作。这些造型大多来自于人们所熟悉的日常生活中的事物,用作唤起人们的联想。在标志设计中使用图案,能够使标志更醒目,更具视觉冲击力,更便于识别和记忆,这是单纯的文字标志所不能及的。标志的图形设计要求简洁而又不简单,既要准确地传达必要的信息内容,同时又必须独具创意,给人深刻的印象。

在近几年的设计实践中,发扬对传统图形的应用成为一大趋势。因为随着时代经济的飞速发展,设计提倡要结合民族传统文化元素,走出一条属于民族文化的设计道路。在标志设计中也如此,巧妙应用传统图形,能够使标志更恰如其分地表现出民族独特的文化气息和精神内涵。

例如图 5-3 所示为湘泉酒的标志。该标志以中国传统剪纸图案为素材,再利用变形手法结合酒的品牌名字进行较好的结合,从而较好地体现了该品牌韵味。

图 5-3 湘泉酒标志

在标志设计中,很多时候文字其实也变成了图形中的一部分,因为许多标志为了增加识别度和加深印象,将文字作图形化处理,目的就是实现迅速认知。这时候就更加要注意图案和文字的关系、主次与节奏等,这些都是标志信息传达的重要元素。图 5-4 所示为作者为山东中教科技设计的不同标志方案。

图 5-4 山东中教科技标志(吴冠聪)

2.标志中图形设计的程序与方法

标志中的图形设计没有固定的模式,而是根据企业与品牌的风格特点来选择定夺。标志的图形设计一方面要充分体现出企业的品牌内涵;另一方面还要使受众易于接受。标志创意图形的中心点就是如何将企业与品牌内涵用图形语言来衔接。这一过程中需要独特的构思和独具创意的表现手法,将具象思维和抽象思维相结合,反复推敲图形寓意,最终取得最佳方案。

(1)资料收集阶段。

标志图形设计是一个创意酝酿的过程,设计好一个标志,前期工作必不可少。只有做好充分的准备,对有关设计的大量信息进行整理和分析,包括客户提供的市场消费者信息,竞争对手的调查情况,以及提供的客户历史资料等,才能真正实现设计的最终目的。

(2)构思与草图。

在标志图形设计中,要依据品牌名称和内涵来决定怎样使用象征图案。我们可以把一些最重要、最需要表现的文字词意和想法写出来,并用这些词语帮助我们进行更深入的联想,也可以边写边画,使其更加形象化。如此扩展开来,渐渐打开自己的思维创想,这便是最常见的"头脑风暴"创意法。它最有力的目的就是对标志图形所要表达的信息内容进行准确提炼,从中寻找创意的突破口,是最终创想出具有象征意义的标志图案的有力之道,也是标志图形设计的思维凝练过程。

标志图形设计中,为了获得好的创意,常常会将形象混合起来使用,如形与形之间的同构、替换、变异等,使标志的象征意义更生动和具有趣味独创性。在标志设计中,将文字作图形化处理更加要注意图形和文字的关系、主次与节奏等,这些都是标志信息传达的重要元素。

图5-5所示为标志创意图形的思维过程。

图 5-5 标志创意图形的思维过程

（3）制作完稿。

当标志经过上述创构过程之后,有了较满意的方案后,便需要最后制作完稿。制作完稿是标志设计成功的关键。标志中的图形如何比喻企业内涵,这里也有一个寻求视觉象征意义的过程,图形符号与内涵对应并且十分恰当、容易理解,具有审美品格的追求,这样才能成就一个优秀的标志设计。优秀的设计师通常擅长使用各种表现手法,精益求精,使得设计最后臻于完美。

（三）色彩要素在标志版式中的运用

1.色彩要素在标志版式中的功能

（1）更具说服力。

标志设计利用色彩的完美表现力,加上设计师能准确地运用技巧和丰富的色彩理论知识,从而使标志设计更有说服力。例如三九企业集团的标志设计所采用的色彩设计,该公司是一家以生命健康产业为主业,以医药业为中心,以中药现代化为重点的大型企业集团。该公司标志设计的蓝色代表科技的感觉,并且使用两种色彩,更加富于变化（图 5-6）。

图 5-6　三九企业集团标志

（2）传达主题的信息。

为了使标志的色彩具有视觉注意力、留存记忆，传达主题的信息，首先色彩不宜过多，一般采用一至三种颜色，以加强留存记忆。其次要注意色彩纯度的强弱和明度的高低，以此来加强视觉注意力。为了使标志具有准确反映信息的功能，应选用与标志主题含义相符合的色彩，以准确地反映标志内在的性质。例如蓝色和红色的"百事可乐"标志（图 5-7），当我们看到这一特定色彩时，就会与相对应机构、企业对应而产生联想。[①]

图 5-7　百事可乐标志

2. 标志设计中的标准色设定

企业、组织、产品通常会根据自身的需要，选择名副其实的标准色，使消费者产生牢固的印象。一般而言，企业标准色设定可通过以下三个方式获得。

（1）以建立组织、企业、产品形象及体现其经营理念或产品的内容特质为目的，选择适合表现此种形象的色彩，其中以表现公司的安定性、信赖性、成长性与生产的技术性、商品的优秀性为前提。

（2）为了扩大企业之间的差异，选择鲜艳夺目、与众不同的

---

① 这是因为人们对色彩有着共同或差异的感觉与反映，所以色彩在感觉诉求上优于文字或图形等设计元素。色彩是标志的重要组成部分，采用个性的并且符合行业特点的色彩有利于企业的识别与认同，使企业在市场上更加醒目。

色彩,达到企业识别、品牌突出的目的。其中,应以使用频率最高的传播媒体或视觉符号为标准,使其充分表现此种特定色彩,形成条件反射,并与公司主要商品色彩取得同一化,达到同步扩散的传播力量。

（3）色彩运用在传播媒体上非常普遍,并涉及各种材料、技术。为了掌握标准色的精确再现与方便管理,尽量选择印刷技术、分色制版合理的色彩,使之达到多次运用的同一化。另外,避免选用特殊的色彩或多色印刷以增加制作成本（图5-8）。

图 5-8　谷歌标志

三、标志版式实例分析——以"UStyle"标志设计为例

"UStyle"是布料及其配件制造／分销商。客户大多是十几岁的女孩和年轻妇女。这个标志除了设计美观外,还应该针对年轻、新潮和时尚的客户。

（一）寻找灵感,提炼关键字

UStyle是这个公司的名字。创意就以U为主,或突出Style的设计。由布料想到一块一块的结构。用布料块拼成一个字母U应该是一个很好的创意。如图5-9所示。

图 5-9　提炼

只是这样一个创意有些单调,看看是否还能融入别的元素,U开口的形状类似一个花瓶,既然这个公司与女孩有关,那么就在这花瓶中插入一束花,既是美的象征,同时也丰富了标志的创意。

（二）实现构思

1. 新建文件

打开 AI 软件,新建一个文档,大小设置为 A4,取向选择横向,颜色模式为 CMYK。在名称处填写"886 UStyle"。单击 [确定] 按钮,接着把这个文档另存一下。

2. 绘制图形

直接在页面上输入字母 U,选择一个合适的字体。因为想把U 变成由布料拼凑出的样子,所以 U 要粗一些,如图 5-10 所示。因为这个字母笔画简单,也可以用鼠标直接勾画出想要的效果。在这里我选择了方正粗黑,创建轮廓后重新调整。

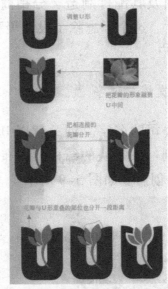

图 5-10　细致调整 U 与荷花瓣

（1）加入布料的特点,只需将 U 适当地剪切成不规则小块即可,如图 5-11 所示。

图 5-11 把 U 剪切成不规则图形

（2）标志中再做一点细微的处理：花在 U 中犹如一个花瓶，顺势做一个类似瓶口的样子，敞开它，如图 5-12 所示。

图 5-12 再次调整 U 的外形

3. 填充色彩

多个色块组合在一些，突出布料产品特点，如图 5-13 所示。

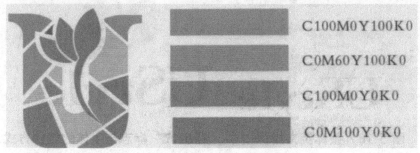

图 5-13 填充色彩

4. 公司名称字体设计

英文名称为 UStyle，选用的是 Adobe Caslon Pro Bold 字体。

这个英文字体,很接近宋体,由于宋体字秀气,刚劲有力,具有变化得当的特点,在英文中无论做主体字还是辅助字都比较常用,如图 5-14 所示。由于 U 和 UStyle 是两个英文:U 形的意思,所以 S 也要用大写区分。

(1)将字体创建轮廓后,把字距离拉近一些(如果不创建轮廓也可以直接在文字面板中调整字距),如图 5-15 所示。

图 5-14　选择字体　　　　图 5-15　调整英文字距

(2)把客户提供的另一个英文说明也加上去:accessories cloth,其中 accessories 是辅料的意思;cloth 是布的意思也就是两个单词组成的英文。所以设计的时候可以根据位置特点,适当地进行分开处理,如图 5-16 所示。

(3)标志与文字组合,如图 5-17 所示。

图 5-16　整体英文排列效果　图 5-17　标志与字体的组合方式

(三)标志完成效果展示

这里分别做了灯箱、玻璃墙等效果,如图 5-18、图 5-19 所示。

图 5-18　灯箱效果

图 5-19　玻璃墙标志展示

第二节　包装版式

一、包装设计的释义

包装设计的主要功能是宣传商品和保护商品,同时也是消费者在购买商品时的"无声销售员"。作为包装设计中的主要视觉元素之一,文字的设计是至关重要的。

商品包装的精良在一定程度上体现了产品的品质。商品包装由图形、文字、色彩等设计元素构成,其中文字作为重要的设计元素之一,是一种既具有审美功能又具有信息载体功能的综合性设计,是最具有说服力的视觉表达形式。

二、不同要素在包装版式中的运用

（一）文字要素在包装版式中的运用

1. 文字在包装版式中的运用类型

（1）广告性文字的设计。

广告性文字的设计也就是品牌名称的文字设计。商品品牌名称的艺术处理在包装的版式设计中起到重要的作用,商品品牌名称的设计不仅体现文字结构的完美,充分发挥装饰和传达信息的作用,更要体现出赋予产品的文化属性和产品的形象特征。

商品品牌名称一般安排在包装的主体展示面,造型变化丰富,但要求内容明确,符合产品特征:造型创意巧妙,个性突出,易于识别,符合时代特征（图 5-20）。

图 5-20　商品品牌名称的艺术处理

（2）说明性的文字。

商品包装上的说明性文字包括商品的品名、型号、规格、成分、数量、用途、保质期、使用说明、生产单位、英文说明等信息,这些文字与品牌名称文字完全不同,要求内容简明扼要,突出产品的信息内容,一般安排在包装的侧面或者背面,文字运用规范的印刷文字,如黑体或者宋体（图 5-21）。包装设计师运用科学的版式设计原则,合理地对这些文字群进行编排。

图 5-21 巧克力包装

2. 文字在包装版式中的运用要领

文字是包装必不可少的要素,编排中要依据具体内容的不同选择字体大小、摆放位置、组织形式,把握好主次关系。文字在包装版式中的运用要领主要体现在以下几个方面。

(1)包装设计中的文字应用主要包括商品包装上的牌号、品名、说明文字、广告文字以及生产厂家,公司或经销单位等,品牌与品名以及装饰性文字可以制作得丰富多样,但是说明文字以及数据方面的文字不应该制作得太花哨,考虑到文字的信息量大以及文字的可读性,编排时尽量采用规范的印刷体,便于消费者阅读。

(2)编排要紧扣内容主题,设计出的文字要容易识别,生动有趣,符合主题,这样才能够给消费者留下深刻的印象。对于商品名称、企业名称多安排于主要展面,可以使用性格表现力较强的书法或装饰字。但不可本末倒置,过于追求艺术性而忽略了字体与商品形象特点的一致性,忽略字体本身的可视性。如图 5-22所示为商品包装中的商品名称文字处理效果。

(3)如果包装属于企业 CI 中的一部分,同一名称的字体风格应该保持一致。产品成分、型号、规格等资料文字多在侧面、背面,也可以放在正面,一般采用与商品性格相符、清晰明了的印刷体。

用途、保养、注意事项等说明文字不要排在正面,多使用印刷体。一些用于促销的广告文字可根据创意灵活安排,如图 5-23 所示。

图 5-22　好爸爸洗衣液

图 5-23　可口可乐包装设计

（二）图形要素在包装版式中的运用

1. 图形在包装版式中的作用

图形作为视觉信息传达的语言在包装上起着非常重要的作用,巧妙地运用图形是包装设计成功的关键因素之一。在当今物品价值日益趋同的情况下,唯有美的价值能成为消费者感动不止的因素。消费者往往在超市购物时,对商品的感知也是发生在一瞬间,因此在包装的图形设计中,应该充分发挥想象力,在清晰传达商品信息的同时,努力使包装具有强烈的视觉冲击力和奇妙的创意,在瞬间抓住消费者的眼和心。

图形的创意设计在包装中起着重要的作用,它能不同程度地改变产品包装的风格和品位,从而使不同的风格产生不同的效应,起到感染、引导、启迪、象征等效应,从而引发人们对商品的认同、关注和喜爱,也赋予了产品更强的吸引力和传播力。

随着商品同质化的现象越来越严重,如不在品牌和商品包装上下功夫,很容易被市场所淘汰。那么创意图形正是避免同质化、突出特色、强化品牌效应的有效方式,通过图形创意在包装介质方面的应用,不但美化了商品本身,也区别了同质化商品,起到提升品牌和商品形象的作用。

2.图形在包装版式中的运用要领

(1)要准确地传达信息。

包装上的图形编排必须真实准确地传达商品的信息。准确性对于商品来说就是"表里如一",商品的特征、品质、品牌形象、信息能够清晰地通过视觉语言表述清楚。准确性对于消费者来说则表现为一种"亲和力",每一种商品都有其目标对象、消费人群,因而就有着不同的喜好和审美情趣。有针对性地设计才可能使美感的表现产生共鸣,才能使消费者对商品产生兴趣和购买欲望。

(2)要体现视觉个性。

如今的商业竞争已经进入到个性化时代,企业形象要追求个性,商品宣传要标新立异,消费者也一样向着追求个性化的消费观念方向发展。尤其是年轻的一代,个性化的消费观是他们性格特征的一部分。对设计者而言,掌握更独特的思维方法和表现角度,以及更具时代感和前瞻性的观念是包装设计成功的关键。

(3)注意图形的局限性和适应性。

图形对于不同的消费者会产生不同的感受,这是图形设计的特点,也反映了图形语言的局限性,只有认清这种局限性,才能使设计有针对性。

(三)色彩要素在包装版式中的运用

1.色彩在包装版式中的作用

色彩在包装版面中虽不如文字、图片信息重要,但却是视觉感受中最活跃的成分,是表现版面个性化、情感影响力的重要因素。

(1)传达商品信息。

在包装设计中可视形象比较悦目的产品,往往都是以最优秀最真实的产品外在造型和悦目的色彩展示给受众,以便向消费者传达最确切的内装产品信息。

包装版面中为了直白说明内容物,拉近与消费者的距离,有使用实物摄影写真色彩表现的,也有侧重于色块、线条组合的,强调形式感,色彩表现抽象、概括、写意,如图5-24所示。

图 5-24　DAANON 包装设计

(2)突出产品,刺激购买欲望。

设计中我们以同类色或异类色做基调,来强化内容物的品质、特征、渲染主题。同类色是将包装色彩与商品的固有色彩相联系,如玉米使用黄色,它给消费者直觉感应,利于快速辨别认同,如图5-25所示。异类色使用与商品固有色或固有印象背道而驰的色彩,如巧克力使用蓝色、女性化妆品使用黑色等,一反常规的大胆突破易产生视觉惊奇与深刻印象,同样也起到突出产品,刺激购买的作用,如图5-26所示。

2.色彩在版式中的运用要领

(1)视觉传达性。

视觉传达性指产品包装的色彩能给人带来视觉冲击力和捕捉人们视线的能力,从而吸引观众。设计师在对产品包装进行编排时,色彩的搭配必须根据企业品牌的识别色系,结合市场调查和分析定位,运用色彩的对比与调和,使包装设计可视、醒目、易读,与同类商品相比,具有鲜明的个性特征和良好的识别性(图5-27)。

图 5-25　学生作品玉米包装（张梦晨）

图 5-26　化妆品包装

图 5-27　包装设计的视觉传达性

（2）系统性。

　　包装的色彩搭配是一个完整的系统的计划。色彩与不同要素及系列包装之间的相互呼应、相互影响,直接影响包装色彩的整体效果,产品包装设计各个要素的和谐统一和良好的整体视觉效果是吸引消费者的法宝。产品包装的色彩计划和企业形象系统设计应相互对应,和企业的标准色、象征色保持一致风格。

企业品牌色彩的设定与搭配,一方面要能够体现时代感、视觉美感、社会责任感和道德感,具有较高的思想境界和艺术品位。另一方面,在企业经营宗旨的表达上,色彩搭配要体现简洁、易懂并具有感染力,体现出高雅的文化品位。总之,企业品牌色彩搭配立意要高远,表达要高雅(图 5-28)。

图 5-28　爱马仕产品包装

(3)时尚性。

时尚性是指在一定的社会范围内、一段时间内、在共同的心理驱使下,在群众中广泛流传的带有倾向性的流行趋势,包括流行色,流行商品,流行的词语,流行的思想、理念,流行的生活行为,当前的世界几乎已经成为流行的世界。

在时尚型消费中,青年人很容易受流行的驱使,追求新的变化和流行,其中色彩最为明显,多数人嗜好的、追捧的颜色成为流行色。在包装编排中,色彩搭配的时尚性也因大多数消费者偏向选择流行色感强烈的颜色,而把时尚的重心放在了流行色上,所以在产品包装编排中,色彩的运用应恰当地考虑市场流行色对设计的影响,时刻注意流行色的趋势,走在时代的前沿,引领新的时尚,但时尚的主要要素还有包装的款式、造型等。

图 5-29 所示为全新 Dior 迪奥小姐香水,法属圭亚那蔷薇木和留尼汪岛粉红胡椒交织共舞,为这件高订"刺绣"更添生动辛

辣。繁花谱写的爱情宣言,带给你一见钟情的芬芳气息。该产品的色彩包装散发感性迷人的高订气质,格拉斯五月玫瑰与土耳其大马士革玫瑰打造精致蕾丝裙装,卡拉布里亚佛手柑的柑橘香调如清新"蝴蝶结"。

图 5-29　2017 款 Dior 香水包装

（4）象征性。

在不同种类的商品包装中,能够体现商品特点、功效、类别的抽象色彩或色调就称之为象征色。有的产品没有可视形象供选择,或者产品造型不悦目,或由于编排的原因需要用色彩替代,可以选择抽象的象征色彩来代替。如酸的食品多用淡紫色,蔬菜饮料多用绿色,女性用品、化妆品、日用品等多用柔和、淡雅温馨的色彩（图 5-30）,男性护肤品则多选用带有阳刚气质的色彩,五金工具的包装多用厚重较深的色彩,儿童用品多用三原色和活跃的色彩等来代表产品的象征色（图 5-31）。

图 5-30　蔬菜的包装

图 5-31　儿童玩具包装

需要注意的是,在面积有限的包装版面中,过多色彩会使人眼花缭乱,简洁、单纯的色彩往往会赢得最佳注意。为了以少胜多,以一当十,可以使用色彩综合对比,它们有丰富的色相感,又保持了一定对比强度,明快有力,置于货架远观仍然具有良好的视觉效果。

三、包装设计的版面构图与构成要点

（一）包装设计的版面构图

包装设计包含文字、图形、色彩、结构等要素,它们经设计组合后,形成一个完整的商品包装。包装除保护商品外,还有美化商品形象,正确反映内容物信息的功能,顾客应该从包装版面得知产品名称、生产企业、标志、产品特质、使用方法、促销语等,如图 5-32 所示。

图 5-32　茶叶包装设计

　　与其他种类的视觉设计相比，包装有多个版面，构成关系复杂且版面空间较小，如何协调各版面之间的关系并运用小版面组合高效传递信息，是设计师苦心研究的重要课题。在包装的构图渠道上，应该着重以突出产品名称为主，有产品图像的则需要同时对图像进行突出展示，最常用的构图有垂直构图、对角式构图、聚集式构图等类型，如图 5-33 所示。

图 5-33　包装构图

（二）包装设计的版面构成要点

　　包装的主展面是最关键的位置，往往使人印象深刻，其版面通常安排消费者最为关注的内容，如品牌、标志、企业、商品图片等。设计中可以创意无限，但一定要注意具体内容与表现形式的完美结合。另外主展面不是孤立的，它需要与其他各面形成文字、色彩、图形的连贯、配合、呼应，才能达到理想的视觉效果，如图 5-34 所示。

图 5-34　学生作品（张梦晨）

四、包装版式实例分析——以饮料盒包装版式为例

这里以饮料盒包装版式为例,进行解析。

包装盒的展示图通常都是特殊形状的,完成包装盒的印刷后,通过裁剪、折叠、粘贴等多道工序,才能够呈现出我们所看到的立体包装盒的效果。在设计包装盒时,需要设计其展开图,注意各部分的尺寸和位置。

（一）项目分析

本案例设计一个饮料盒包装,在该包装盒的版面设计中使用该饮料原材料的实物摄影图片与各种圆弧状图形相结合,突出表现该饮料的原材料,并且通过各种圆形图形来丰富版面的表现效果,使用大号的粗体文字来表现产品名称,使得版面的表现效果非常丰富,整个包装盒版面的设计给人欢乐、丰富、新鲜的感觉。本案例所设计的饮料盒包装的最终效果如图 5-35 所示。

图 5-35　饮料盒包装

在该饮料盒包装的版面设计中主要以该饮料的原材料素材图像为主,使消费者能够清楚地理解该饮料的原材料是什么,并且展示了原材料的新鲜和诱人。本案例设计的饮料盒包装所使用的素材如图 5-36 所示。

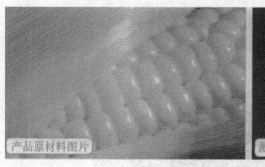
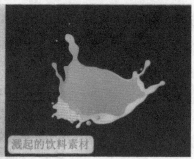

图 5-36 素材图

（二）配色分析

本案例所设计的饮料盒包装使用黄橙色作为版面的主色调，一方面黄橙色为该饮料原材料的本身色彩，可以使饮料与原产品之间建立起很好的联系，另一方面黄橙色能够表现出欢乐、悦人的氛围，非常适合食品饮料的配色。在该版面设计中使用同色系的色彩搭配，搭配不同明度的黄色和橙色图形，使整个包装盒版面的表现给人一种欢乐、和谐的氛围，让人感觉舒适、美味。

RGB(244、184、27)　　RGB(238、158、0)　　RGB(213、219、65)
CMYK(3、33、89、0)　　CMYK(10、47、94、0)　　CMYK(22、4、83、0)

图 5-37 配色分析

（三）设计思路

根据对产品尺寸及纸张等因素的分析，该饮料盒包装的尺寸为 72mm × 111mm × 72mm，新建文档时可以创建一个比包装盒展开尺寸大一些的文档，并且不需要设置出血，如图 5-38 所示。

根据包装盒展开后各部分的尺寸，在文档中使用参考线定位各个面的位置，并标注出各个面的尺寸大小，如图 5-39 所示。

图 5-38　尺寸设置

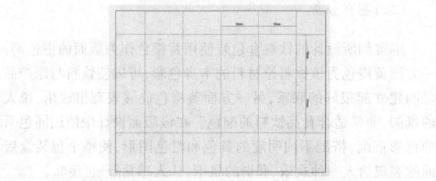

图 5-39　尺寸大小

　　根据所设计的包装盒,绘制出该包装盒展开的各个面的背景,如图 5-40 所示。

　　以该产品的原材料图片作为版面的主要素材,一目了然,实物的照片也更能够表现该饮料的新鲜品质,搭配各种图形,使版面的表现效果更加丰富,如图 5-41 所示。

图 5-40　　　　　　　　　　　　　　图 5-41

　　该饮料盒包装的侧面以简洁为主,放置产品名称和产品的介绍信息内容,并且需要突出产品名称的表现,如图 5-42 所示。

　　版面色彩以该饮料原材料本身的色彩为主,其他色彩应该以突出和烘托产品的色彩为标准,完成包装盒其他面的设计制作,最终效果如图 5-43 所示。

图 5-42　　　　　　　　　　　图 5-43

（四）对比分析

1. 设计初稿

在设计食品类包装盒版面时,为了配合产品给人的印象,版面应该以表现轻松、活泼为主,可以使用食品本身的色彩进行搭配,从而有效突出食品的表现效果。

图 5-44　设计初稿

（1）将包装盒的背景主色调设置为蓝色,与饮料原材料图片形成强烈的色彩对比,但蓝色无法与产品形成联系,并且蓝色不能给人诱人、美味的感觉。

（2）版面中的素材图片使用矩形图形放置在版面中,感觉非常突兀,没有美感。

（3）版面中并没有添加其他的辅助图形,只有背景色与图片的搭配,显得单调。

（4）包装盒的侧面同样只是在纯色背景上放置文字说明内容,显得过于单调。

2.最终效果

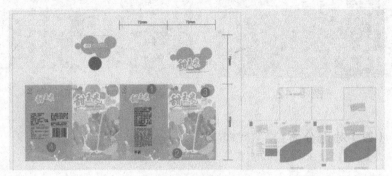

图 5-45　最终效果

（1）将包装盒的背景主色调设置为黄橙色,与饮料原材料的色彩相同,使该产品与原材料形成联系,并且橙黄色可以给人一种温暖、美味的感觉。

（2）在包装盒的主版面中将主素材图像处理为圆弧状的图片效果,从而使图片的表现更加优美、灵动。

（3）在版面中搭配各种不同浅色调的正圆形,丰富版面的表现效果,使版面丰满而活泼。

（4）在包装盒侧面同样使用正圆形进行点缀,丰富侧面的表现效果,并且与其他面形成统一的风格。

第三节　招贴版式

一、招贴设计的释义

招贴是一种主要运用于户外或公共场所的平面广告宣传形式,其主要功能是引起大众的关注,所以其设计手段要求无论是

·180·

图形,还是文字、色彩,都要做到言简意赅、简明生动、醒目新奇。海报招贴中的文字常常兼具图形的功能,文字的笔画与结构会成为图形要素并被加以利用,创造出丰富多样的形式。作为广告语或标题出现的纯文本功能的文字则应突出语句特点,讲求文字特性,力求产生让人过目不忘的效果。

二、不同要素在招贴版式中的运用

(一)文字要素在招贴版式中的运用

1.文字在招贴版式中的运用类型

文字在招贴中使用非常广泛,按照不同的功能属性,一般分为标题性文字和说明性文字。两种文字形式在招贴中起到不同的作用,所谓各有所需、各有所长,不论是哪一种文字,都对招贴的设计有非常大的影响。

(1)标题性文字。

标题性文字是招贴的主题,一般安排于招贴中较为醒目的位置或者视觉中心的位置。因为标题是招贴的核心信息,必须兼具易读性和艺术性的双重功能,所以在招贴中有着重要的作用。招贴的标题文字通常会与招贴中的图形组合,突出个性化和差异化的特征,并且在形式上与内容、主旨相互吻合,形成互动的关系。招贴的标题文字只有通过精心的设计才能体现出自身的独特魅力,起到突出主题、吸引观者注意力的目的。图5-46所示为作者设计的招贴海报。

(2)说明性文字的设计。

说明性文字一般在文字数量上较多,主要起到诠释主题的作用,针对信息的阅读和传播起到重要的作用,所以这类文字对于版式编排的要求更为严格。说明性文字一般采用结构规范的印刷文字,不需要过度的变形设计,主要突出阅读功能即可。严格设置文字的字号、间距和行间距,更好地营造流畅、愉悦的阅读秩序。图 5-47 所示为作者设计的招贴海报。

图 5-46　招贴海报设计（吴冠聪）

图 5-47　招贴设计（吴冠聪）

　　说明性文字还应注意文字间的整体效果，即不同文字群之间的关系。可以依据版式的需要，借用点、线、面的要点对文字群进行设计，并且使文字与文字之间形成协调的互动关系（图 5-48，图 5-49）。

图 5-48　巴黎国际艺术城

图 5-49　李英伟自我推广海报

2.文字在招贴版式中的运用要领

招贴设计中的字体设计要领主要体现在以下几个方面。

（1）招贴通常是人们在走过路过时匆匆瞥见的画面,这与书籍、报纸、杂志等印刷类平面设计不一样,因为一般供阅读用的印刷品的阅读距离只有 15～20cm,但招贴设计中所采用的字体大小则要根据实际空间中阅读距离的远近进行调整,以保证在几米或几十米外能被看到。

（2）字体要醒目、清晰、易辨,因为观众不可能在匆匆往来中驻足观望,只有鲜明突出的视觉形式才能在短时间内吸引观众并将信息传达清楚。

（3）招贴的标题性文字在字形和编排上都应该具有自身的个性、特征,做到醒目、新颖,而且字体的设计要与招贴中的主题、风格相符合,这样才能图文一致,画面美观、风格统一。

（二）图形要素在招贴版式中的运用

1.图形在招贴版式中的作用

图形是招贴用于表现主题的重要手段,图形在很大程度上会决定招贴的传播效果。恰当的图形所表达的内涵远胜于文字注解,图形语言无国界,它能代替烦琐、抽象的文字,使人一目了然,克服阅读和理解上的障碍。好的图形形象能够在瞬间留给人们完整、深刻、强烈以及生动的印象,从而深刻演绎招贴主题。图5-50所示为作者设计的招贴海报。

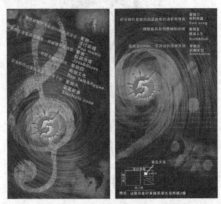

图 5-50　招贴海报（吴冠聪）

2. 图形在招贴版式中的艺术表现手法

图形在招贴版式中的艺术表现手法主要体现在以下几个方面。

（1）商业摄影手法（图 5-51）。经过计算机及暗房加工处理美化过的商品照片,在招贴中对宣传商品起着举足轻重的作用,它精致、逼真的画面效果能直接引发消费者的购买行动。摄影手法已成为被大家接受的最直接的广告语言。

（2）绘画手法（图 5-52）。版画、国画、速写、水彩等艺术表现形式,经常被用来表现文化产业或文化艺术类招贴。绘画的手段极具艺术性和亲和力,创作者的主观性很强,非常有个性,可以表达与众不同的主题。

（3）计算机手段（图 5-53）。利用计算机技术合成图像、处理绘画作品、改变材料质地,已经成为当今招贴图形表现的主要方式。招贴的图形应具有较高的视觉注视率,吸引读者阅读;图形应传达广告内容,帮助读者理解主题;图形应将读者的视线引至文案,使读者深入探究招贴的内涵。

图 5-51　啤酒商业摄影招贴　　图 5-52　来自意大利的问候

图 5-53　戏剧招贴

（三）色彩要素在招贴版式中的运用

1. 色彩在招贴版式中的作用

在招贴设计中，很少有东西能带来像色彩一般如此强烈的视觉刺激。色彩的作用已经超越其本身的功能。利用色彩的规律，可以更好地表达主题，直接引起人们的注意，唤起人们的情感。

在设计师的手里有成千上万可供选择的色彩，同时色彩间也有无数种组合、结合的方式。如果希望通过控制色彩来达到传播的目的，那就要理解色彩的视觉要素是如何发挥作用的。

2. 招贴版式中色彩的处理

在招贴版式设计中,应该尽可能地对色彩进行合理巧妙的搭配,强调色彩的刺激力度,这能使画面对比强烈而又和谐统一,从而使招贴的主题更为深刻,更具视觉冲击力。

当获得一个招贴的创意想法时,需要利用色彩为创意表现带来额外增强效果。作品所表达的主题是积极向上、鼓舞人心的,还是安静和谐的,或是幽默、讽刺的呢?我们可以利用色彩来进行情感的表述。相近色的使用可以营造一种和谐的氛围。例如,黄色和绿色的使用可形成一种柔和的视觉观感。而补色则提供一种动感和活跃的氛围。例如,红色和绿色的使用提供了一种更直接、挑衅或令人瞩目的观感(图 5-54)。

图 5-54　红色与绿色在招贴版式中的使用

色彩的使用并没有绝对的规范与标准,招贴的色彩设计一定要从表现主题内容出发,把握色彩变化的时代特征,研究人们对色彩求新、求异的心理规律,大胆探索与创新,以设计出新颖、独特的色彩格调并赋予色彩以新的内涵。

三、招贴版式的尺寸与结构类型

(一)招贴版式的尺寸

由于招贴的宣传方式多样,因此,选择招贴的尺寸是很重要的,要在适当的环境选择适当的招贴尺寸才能更好地达到宣传目的。在招贴设计中,较常用的一种尺寸是 30 英寸 ① × 20 英寸,依照这一尺寸,又发展出其他尺寸:30 英寸 × 40 英寸、160 英寸 × 40 英寸、60 英寸 × 120 英寸、10 英寸 × 68 英寸和 10 英寸 × 20 英寸。较大尺寸是由多张纸拼贴而成的。专门吸引步行者的招贴一般贴在商业区的公共汽车候车亭和高速公路区域,并以 60 英寸 × 40 英寸的尺寸为多。而设在公共信息墙和广告信息场所的招贴(如伦敦地铁车站的墙上)以 30 英寸 × 20 英寸和 30 英寸 × 40 英寸的尺寸为多。

招贴设计具有灵活性。可以根据其传达的信息和宣传环境决定招贴的尺寸。选择异型的版面形式,打破常规版面,使该招贴在版面造型上具有强烈的视觉效果则更能吸引人们的注意。弧线的使用使整个版面具有线条的流畅感,展现个性。

(二)招贴版式的结构类型

招贴版式结构有几种常见的类型:横版或竖版均衡结构、斜版结构、三角形结构,设计师是否正确使用招贴的版式结构形态可以决定主题诉求效果的好与坏。

1.横版或竖版对称均衡式结构

横版(图 5-55)或竖版(图 5-56)对称均衡式结构的招贴是观众最熟悉的一种形式,带给观众一种稳定、牢固、诚信度高、大气磅礴的感觉。这也是很多招贴会频繁选择该种构图的原因。横版或竖版均衡结构一般会将一级层级的重点信息放置在海报中间或靠下的中间位置,这个位置是整张海报最突出显耀的视觉焦点位置,视觉焦点位置四周辅以二级层级信息,形成左右、上下对称均衡的稳定形式,以稳重之势面对观众。这种结构的共同点就是构图面积大。能够尽可能地将主题所需的所有元素集中呈

---

① 1 英寸 ≈ 25.4 毫米

现在海报当中。按照从左到右或从上到下的顺序排列图片、标题、说明文字、标志图形,符合人们认识的心理顺序和思维的逻辑顺序,能够产生良好的阅读效果。

图 5-55　横版招贴　　　　　图 5-56　竖版招贴

2. 斜版结构的招贴

斜版结构的招贴,会带给观众一种动态与速度之感,在运用斜版结构时要注意,版面中的重点元素倾斜排列,这种反常规的排列方式可以局部使用在视觉空间焦点的位置,要把握倾斜度和画面重心的问题(图 5-57)。

图 5-57　斜版结构的招贴

3. 三角形构图

三角形构图的招贴带给受众一种气势感甚至会带来一种力量性的压迫感。这类构图通常的做法之一是将版面的主体信息放大并放置在画面的中间位置,其余次要元素依次缩小紧跟其后,形成一种三角向上的顶点刺激,主体信息以压倒性的强大气场充斥着人们的眼球,形成刺激从而吸引观众的注意力。还有一种方法是用三角形对版面进行分割。保留重要的视域范围,插入文字样式,使版式形成不同的空间层次(图 5-58)。

除上述之外,招贴版式的基础构图还有 S 形构图,形成艺术性构图;圆形构图,集中视觉焦点;对角线构图,能形成上下对比或遥相呼应的不同效果等。

图 5-58　三角形构图

四、招贴版式的创意方法

招贴的版面创意形式可以根据视觉表现特点大致归纳为直接、会意和象征三种基本方法,它们相互综合、融会贯通,可以创造出千变万化的版面效果。

（一）直接法

直接法是指在海报版式设计中直接表现广告信息,把产品最典型、最本质的形象或特征清晰、鲜明、准确地展示出来。采用这种创意方法的海报能够给人真实、可信、亲切的感受,受众容易理解和接受。如图 5-59 所示,在该化妆品广告的版面设计中使用黑色和深蓝色作为版面的背景主色调,突出版面中间产品的表现,并且为产品应用高光的效果,使其在版面中的表现效果非常突出、醒目。

如图 5-60 所示,在该数码相机的海报设计中,在版面的中心位置直接展示产品图像,并将相机产品与唇彩相结合,暗喻产品的小巧、精致,在版面中大量运用留白,突出产品的表现效果。

图 5-59　Spolir 海报　　　图 5-60　Casio 海报

(二)会意法

在招贴设计中不直白呈现某些信息,而是表现由它们引发与其自身相关、等同类似甚至相反的联想和体验。这种创意方法能够让受众驰骋于想象,通过思考来完成对广告的理解和记忆,能够给人含蓄动人的印象。

图 5-61 所示,在该葡萄酒宣传海报的版式设计中,将产品与葡萄庄园相结合,并且葡萄酒产品占据较大的版面,表现突出,喻意产品的纯天然和新鲜。使用暖色调作为版面的主色调,给人一种温暖和希望的感觉。

图 5-62 所示,在该运动的宣传海报设计中,运用夸张的创意手法,将整个版面的色调都设置为明度和纯度较低的浊色调,唯独运动鞋产品保留鲜艳的色调,在版面中非常突出。外星人来袭,抢走的不是人而是运动鞋,喻义该产品都已经得到外星人的青睐。

图 5-61　　　　　　　　　　　　图 5-62

（三）象征法

将广告信息所蕴含的特定含义通过另一种事物、角度、观点进行引申，产生出新的意义，使广告主题更加深化强烈，给人留下深刻印象。如图 5-63 所示，在该环保公益海报中，运用生动的想象，将地球处理为融化的冰淇淋，来表现全球变暖的危机，呼吁人们保护环境。如图 5-64 所示，在该电子产品海报设计中，画面构成单纯、想象生动，通过人物手持该产品坐在椅子上飞驰的合成场景，表现该电子产品能够为用户带来更加快速流畅的体验，突出表现了该产品的核心特点。

图 5-63　　　　　　　　　　　　图 5-64

五、招贴版式实例分析——以婴儿用品海报为例

（一）项目分析

本案例设计的是一款婴儿用品的宣传海报，该海报版面中的设计元素非常丰富，整个版面显得欢乐。使用草地和婴儿作为版面的背景素材图片，在版面下方添加黄色的圆弧状图形，丰富版面的层次，在版面中使用大号的手写字体来表现海报的主题，可爱的手写字体与海报的主题相吻合，在整个版面中还使用了其他一些素材来丰富版面的内容，整个海报给人欢乐、充满希望的感觉。本案例所设计的婴儿用品海报的最终效果如图 5-65 所示。

图 5-65　海报的最终效果图

根据该海报的产品特点，为海报增添了婴儿的图片素材，这样可以突显出产品的特性，使其主题更加明确。版面中以绿草作为海报的背景使其表现得更加温馨。版面中还运用了相关的一些素材进行点缀，使整个版面更加丰富，视觉效果更强。本案例所设计的婴儿用品海报所使用的主要素材如图 5-66 所示。

（二）配色分析

本案例所设计的婴儿用品海报使用绿色作为版面的主色调，表现出自然、纯净的氛围。在版面中搭配黄色和红色，形成强烈的对比效果，版面色调丰富，视觉效果突出，给人一种健康、美好

的心理感受。

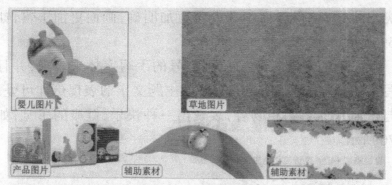

图 5-66　主要素材

RGB(20、141、65)　　RGB(237、200、94)　　RGB(230、0、19)
CMYK(82、30、97、0)　CMYK(12、25、69、0)　CMYK(11、99、99、0)

图 5-67　配色分析

（三）设计思路

　　婴儿用品海报一般张贴在其品牌专卖店内或者专柜的展架上，面积不需要太大，因此可以将尺寸设置为 300mm×150mm，并且四边各预留 3mm 的出血区域。为了使版面表现得更加纯净，我们为该海报添加绿草作为背景。在版面的下方添加圆弧形的图形，这样可以突显出整个版面的层次感，如图 5-68 所示。

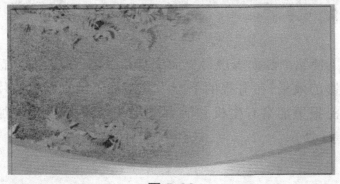

图 5-68

　　为了配合海报产品的主题,在版面中为其添加了相应的素材来突出主题,使得版面主题内容更加明确,画面更加丰富,如图5-69所示。

　　版面中的主题文字则使用大号的手写字体来表现,并且为手写字体添加相应的绿叶素材,使主题文字的表现更加可爱,并且与该海报的主题相吻合,表现出一种快乐、健康的感觉,如图5-70所示。

图 5-69

图 5-70

　　为了使整个画面表现得更加丰富和温馨,在版面的右上角加入了光影的效果,在海报的下方为其添加了昆虫素材图片,可以使整个海报更加富有生机和活力,整个版面的表现也更加丰富,如图5-71所示。

图 5-71

（四）对比分析

海报设计版面的安排要符合视觉流程的规律，以便于阅读和记忆，内容务必要主次分明，重点突出，保证在"瞬间效应"的过程中快速传递主要信息，保证各个组成要素之间在内容和形式上都要形成有机的联系，以实现在视觉和心理上的连贯。

1. 设计初稿

图 5-72　设计初稿

（1）主题文字使用粗体文字，整体文字过于死板，无法表现出儿童天真、可爱的个性。

（2）版面上方有点单调，表现不出富有生机、活力的样子。

（3）版面下方的渐变矩形过于生硬，没有做到很好的过渡，整体的视觉效果较差。

（4）将产品图片放置在文字信息的上方，不仅破坏了整体画面的美感，还使得整个版面不够统一。

2.最终效果

图 5-73 最终效果图

（1）将主题文字进行变化，重新排列，使得整个主题文字表现得很活跃，不但丰富了整体的画面，而且很符合主题文字想要表达的意思。

（2）在版面的上方添加阳光照射的效果，使得整个版面表现得更加富有生机和活力。

（3）在版面的下方运用弧形的图形，这样不会显得整个版面过于生硬，并且为整个版面做到了很好的过渡。

（4）将产品图片放在文字的下方，这样会显得版面整体更加统一、和谐，视觉效果更加强烈。

第四节　书籍装帧版式

一、书籍装帧设计的释义

装帧是指对书的内在结构形式和外在审美形态进行的完整设计，它包括书的函套、护封、封面、环衬、扉页、内文页的设计装饰与编排，即页面上的字体、行距、留空以及插图位置的安排，并涉及用纸、开本和印刷装订方式的选择等工作，而非简单意义上的封面设计。

在实际工作中，一般所说的装帧设计差不多仅指设计书的外观，也就是封面设计，而很少指设计书的内部，也就是书籍的版式编排设计。作为书籍装帧的设计者,当设计一本书时,常常不知道正文的设计情况,只装饰书籍外貌,这自然会出现设计的书籍封面、扉页与内文页之间形态矛盾的情况,使人产生内外不统一的感觉。造成这种现象的主要原因是由于出版社考虑到书籍的制作和设计成本,将书籍的护封、封面、环衬、扉页等部分交由专业美术设计师来完成,而内文页的编排设计则常常由编辑人员和出版人员自己来做,久而久之便给人们造成一种误解,认为装帧艺术只是对书的外部进行装饰设计,实际上,这是曲解了装帧的本质。

二、不同要素在书籍装帧版式中的运用

(一)字体要素在书籍装帧版式中的运用

1.书籍封面中的字体运用

封面是书籍内容的总括,主要起到传达书籍的主要内容,封面给读者的第一印象是书籍设计要考虑的主要因素之一。书籍封面一般由书名、副题、著作者姓名、出版社和内容提要组成,在这些要素中书名是关键,是封面设计的核心。书名的设计要考虑到字体结构的完整性和创新性,是否在通过设计以后能给读者带来愉悦的心情。但是书名的设计不仅在于外观形态的把握,关键的在于书名的文字形态是否能准确地反映书籍内容的核心思想;是否与书籍的属性相符合;是否能有效地吸引读者的视线。所以书名的设计是必须建立在基本字体的基础上,并且保持文字的阅读功能而进行的创意设计。

书籍根据不同的内容可分为文学类书籍、儿童书籍、科普读物、学术书籍等,针对不同的阅读群体对书名及相关文字进行相应形态的设计。例如儿童书籍,应选择活泼可爱的、带有自然曲线的文字形态:文学类书籍应选变化丰富、有诗意的文字形态;学术类书籍应选用端庄、严谨的文字形态。封面文字形态的设计

风格直接体现对应书籍的内容特征,与书籍封面的设计达到功能性和装饰性的完美统一。图 5-74 与图 5-75 所示为作者设计的书籍封面字体;图 5-76 与图 5-77 所示为作者指导学生设计的书籍封面字体。

图 5-74 《石屋寮村语》(吴冠聪)

图 5-75 《惠州西湖诗词选》(吴冠聪)

图 5-76 学生作品《太平洋鱼萃》(林思炜)

图 5-77　学生作品《你好惠州》（朱秋等）

2. 书籍内页的字体运用

书籍设计不仅仅只限于封面的设计，书籍内页的设计同样重要。内页注重于字体的版式编排，对于字体的选择、版式的编排组织和阅读顺序有着严格的要求。在设计时要根据格栅式网格的要求，严格协调好字体、字号、间距和行距之间的关系。当然不同类别的书籍对于版式形态也有不同的要求，可以追求动态空间的设计，追求艺术化的意境，也可以追求二维空间及三维空间的营造。例如，学科类书籍的版式要求严谨，变化较少，主要突出阅读功能；时尚类书籍的版式可以轻松、变化丰富，在突出阅读功能的前提下注重时尚感和艺术感。总之，书籍中的字体是体现设计风格的重要一环，字体的正确选择，使得书籍设计超越了阅读的本质功能，更加体现出实用性的艺术创新。图 5-78 所示为作者设计的《惠州西湖百咏》内页的字体。

图 5-78　《惠州西湖百咏》内页的字体设计

（二）图形要素在书籍装帧版式中的运用

1.图形要素在书籍装帧版式中的作用

目前,利用创意图形的视觉优势来完成书籍装帧的部分设计已被广泛应用。近年来,印刷工艺的改进和新材料的广泛使用使书籍装帧焕发了前所未有的光彩,书籍装帧设计给人以视觉、触觉、嗅觉全方位的享受。创意图案在书籍装帧设计的各个部分都能起到画龙点睛的作用,发挥文字无法替代的功能。尤其是在封面上,优秀的创意图案不仅能很好地体现图书内涵,而且能带给读者美的享受,将在市场促销中发挥独到的作用。

2.创意图案在书籍装帧版式中的运用

书籍的封面设计在整个书籍设计中占有重要的地位,为了抓住消费者的眼睛,在进行封面设计时,往往也会运用创意图案的方法。图5-79所示为作者设计的《惠州西湖百咏》,图案与书的风格保持一致,图案以水墨背景融合古典韵味毛笔字体,古色古香。在纸张和工艺的选择上独具匠心,使其整体品牌更显高端品质。

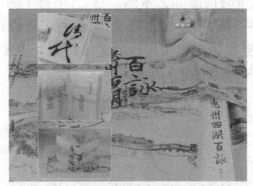

图5-79 《惠州西湖百咏》装帧设计

图5-80所示为全国大学生海洋文化创意设计大赛获奖作品《水母》;图5-81所示为全球华人设计比赛靳埭强设计奖获奖作品《HOME》。

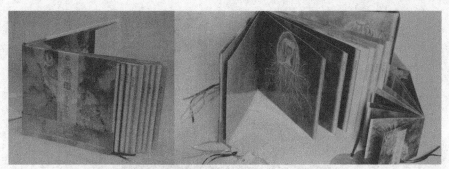

图 5-80　学生作品《水母》（黄惠玲）

图 5-81　学生作品《HOME》（黄敏思）

　　图 5-82 所示为学生作品《惠州西湖》；图 5-83 所示为学生作品《人鱼公主》。

图 5-82　学生作品《惠州西湖》（王素敏）

图 5-83　学生作品《人鱼公主》（柳慧敏）

三、书籍版式的构造与整体关系

（一）书籍版式的构造

书籍版式是由整体神态与形态共同构造的。书籍版式整体神态指的是构成书籍的艺术语言，如纸张材料、制版工艺、印刷工艺、装订工艺等，这些都是书籍设计的特有艺术语言。神态的最终实现依赖于如何将这些实际要素通过一系列方法进行整合。书籍的形态构造指的是构成书籍的艺术手段，是由书籍开本、书籍结构、内文版式、书籍护封的设计等组成的，这些也都是其他艺术门类所没有的。以书籍的开本为例，特殊规格的开本给人以新颖的视觉效果，容易在众多书籍中脱颖而出，但是采用统一规格开本的书籍则给人留下系列书籍的印象。在市面上我们常常见到的书籍开本大小为 A5 开本或 A6 开本，文本库图书一般采用的是 A6 开本。对于页面较多的印刷品来说，书籍装订成书过程中的折叠和裁切也是不容忽视的，在页数较多的书籍中，要考虑每个择页的顺序，从而调整页面间的空白，一次增加 1mm 的页面宽度。设计师在考虑书籍开本的同时，应决定页边的留白空间以及页面的排版安排，杂志类的书籍既要注重视觉形式，又要包含大量的信息，所以需要选择较大的开本形式。以文字信息为主的书籍，如小说的开本选择，就要考虑到携带方便和便于保存，应该选择较小的开本。图 5-84 所示为全国大学生海洋文化创意设计大赛获奖作品《豚纪》；图 5-85 所示为全国大学生海洋文化创意设计大赛获奖作品《海底奇幻冒险》。

图 5-84　学生作品《豚纪》（李惠娥）

图 5-85　学生作品《海底奇幻冒险》（郑佩雯）

（二）书籍版式的整体关系

书籍整体形态由函套、护封、封面、书套、环衬、扉页、前言、目录、正文、后记、插图和版权页所构成，各部分版式设计方式必须具有统一的风格，形成环环相扣、上下起伏、流动节奏、联系紧密的版面特征。

封面设计是书籍装帧设计的一部分，它通过艺术形象设计反映书籍的内容。图书的封面就是一本书的"门面"，它在一定程度上将直接影响到图书能否被读者"相中"。版式设计最基本的功能就是梳理文字排版方式，以方便、导引读者阅读。版式设计中对文字的排版、设置将影响到阅读的节奏、理解的速度以及阅读的舒适度,封面设计和版式设计可以体现出图书特点,为读者理清内容脉络,呈现出图书清晰的结构关系,从而把图书阅读的便利性、舒适性尽量地发挥出来。图 5-86 所示为作者设计的一式两册的图文书《发现惠州之美》。封面以发现惠州之美为主题内容,进行照片、图案等设计。

图 5-86　《发现惠州之美》

文前一般包括致辞、谢词、序言、目录等,是正文之前的内容的总称:其中"致辞"是主要表达对特定人员致意的文字;"谢词"是表示感谢的文字;"序言"是作者对书籍内容的总体说明文字;"目录"是为了使读者在阅读的时候能清楚地了解书籍的主要内容,可以准确地找到自己想了解的信息而设定的。

扉页根据内容的不同,可以分为前扉、正扉、中扉、篇章页四种形式。扉页一般以简单的文字记录书籍、作者、出版社等信息,扉页的背面一般采用白纸。

书籍内页的正文是书籍的主要部分。编排正文的时候要注意确立版心的大小,版心影响着整个书籍版面的平衡感。在正文中要注意图片与文字的编排,增强文章的可读性(图 5-87),正文还包括文字的字距、大小、字体、行间距、段落、章节、线框等;可借助网格方式把版面分成一栏、两栏不等,运用网格构成可以使得版面井然有序,从而体现出优雅与空灵的意蕴。构成的版面可以具有秩序美,也可以打破常规壁垒,将版面理解为点、线、面的构成。穿插组合让文字与图片错落有致,相映成趣,从而创造出具有新形态、新格局的版面（图 5-88）。

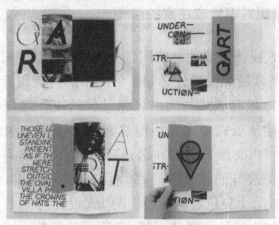

图 5-87　书籍内页

图 5-88　书籍

　　后附，就是包括后记、参考文献、索引、版权页、广告等放在正文最后的所有内容的总称，主要是对整个书籍内容加以说明与总结。

　　页眉页脚和页码是在版心上方、下方起装饰作用的图文。页码可根据需要在页眉页脚，或是切口位置。在书籍版式中，页眉页脚以及页码是小细节，能使整个版面达到精致和完美的视觉感受，成为版式设计中的一大亮点。页眉页脚具有统一性，在书籍版式中，设置页眉页脚可以使页面之间更连贯，形成流畅的阅读节奏。

四、书籍版式设计应注意的问题

书籍版式设计需要注意的问题主要体现在以下几个方面。

（1）给书籍做版式设计必须了解图书的内容和策划过程。这样才能更好地把握版式与图书风格品位的统一融合。这主要体现在怎样才能使版式与内容相得益彰、完美结合；怎样才能使图书封面和图书内文版式更加和谐，给图书增色。如果整体书籍的设计过程是割裂开的，就会导致封面与内文不连贯，形式与内容不协调，图书设计失色。因此，图书版式设计与图书文稿策划之间的联系犹如人的脸和身体一样，是不可分割的。一本图书从策划到设计最初的草案形成是由策划编辑对图书市场进行调研和分析，根据书名、内容、图书类别的不同考虑出可行的设计方案。等到图书成稿，只有策划编辑对图书内容了然于心、深入理解。而在图书的整个策划及生产过程中，设计人员很少介入策划、组织、编辑、设计、印刷到成书的整个过程，因而对书稿本身不了解。所以，制作版式的设计人员要积极地与策划编辑进行沟通，了解图书内涵，唯有了解图书内容，才能用对相关的设计素材，其设计才能将图书价值真正体现出来。

（2）书籍的种类繁多，内容包罗万象。从内涵到文字形式都具有不同程度的理性色彩和论述性质的社科类书籍，其设计特点着意于具体内容与抽象概括的主题思想的体现。以文本特定的艺术趣味为设计参照，受体裁、内容、作者国籍、时代的影响的文学类书籍，其设计特点与风格多姿多彩。还有根据年龄阶段不同包括低幼读物、学龄儿童读物、青少年读物等不同类型的少儿类书籍，这类书籍设计的最大特点就是要针对少年儿童的心理特征，结合书籍内容，并按照他们的视觉审美需要来进行定位设计。图 5-89 所示为全国大学生海洋文化创意设计大奖获奖作品《嗨》，该设计利用镂空的图案形式将大海的波浪表现出来十分具有创意。

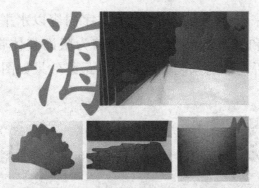

图 5-89 学生作品《嗨》（苏楚琪）

有信息密集、行文严谨、表述准确、综合性或专业性较强、学科分类严密的百科全书、篆刻词典、语言文字类字典和词典的辞书类书籍，这类书籍设计要求突出其深博、厚重、简约的风格。有包含理性色彩的科技读物，力求严谨、大方、简练，从而取得生动鲜明的视觉效果。还有种类繁多，形与质高度和谐的艺术类书籍，审美个性和视觉形式的高度统一是这类书籍的设计特点。由于不同种类书籍的内容性质不同、阅读对象与用途各异，我们要根据其内容性质区别设计，要依托不同种类的书籍特点设计版式形态，使得整部书丰富、生动、到位。

五、书籍装帧版式实例分析——以家装杂志为例

杂志封面设计也属于版式设计的范畴，其设计方法与其他媒体的设计方法类似，但又有其自身的特点。在杂志封面的版式设计中需要重点突出杂志的标题名称，并且需要对封面中的文章标题进行合适的排版处理，使其整齐有序，又能够富有层次感。

（一）项目分析

在当今琳琅满目的杂志中，杂志的封面起到了一个无声的推销员的作用，封面的好坏一定程度上会直接影响人们的购买欲望。本案例所设计的家装杂志封面使用温馨的家居图片作为封面的满版背景，紧扣杂志主题，文字排版占整个画面的主导作用，让读者看起来有条不紊,封面中的文字内容以水平方式排列,给人一种平静和稳重的感觉,并且能够为版面整体带来平衡的作用。本案例所设计的家装杂志封面的最终效果如图 5-90 所示。

图 5-90

根据所设计的杂志类型以及行业特点选择家居类的素材图片作为该杂志封面的主要素材,使用温馨的家居场景图片作为封面的满版背景,与杂志的主题相符合,并且能够快速将读者带入到温馨的家居世界中。封底部分为某楼盘的广告,使用了相应的楼盘素材图片以及纹理图片。本案例设计的家装杂志封面所使用的素材如图 5-91 所示。

图 5-91

(二)配色分析

本案例所设计的家装杂志封面使用黄色调作为版面的主色调,在封面背景中使用的满版家居素材图片本身也是黄色调的图片,给人一种温馨、舒适的感受,在版面中同样搭配不同明度和纯度的黄色调文字,使版面中的色调统一,给人一种温暖、温馨、舒适、惬意的整体感受,这也正好是家装需要向用户传达的情感。

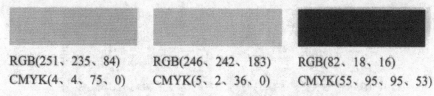

RGB(251、235、84)　　RGB(246、242、183)　　RGB(82、18、16)
CMYK(4、4、75、0)　　CMYK(5、2、36、0)　　CMYK(55、95、95、53)

图 5-92

（三）设计思路

家装类杂志属于大众类的读物,在这里将该杂志封面设置为标准尺寸 270mm × 285mm。由于需要设计出封面和封底,所以文档尺寸可以设置为 420mm × 285mm,并且需要为四边各预留3mm 的出血区域。

在版面中使用参考线划分封面和封底区域。根据杂志的行业属性,选择家居场景图片作为封面的满版背景素材,使杂志封面表现出温馨、舒适的感受,如图 5-93 所示。

图 5-93

版面的色调设置为清新、淡雅的感觉。在版面最上方使用横排与竖排文字相结合的方式来表现杂志名称,并且使用了不同的字体和字体大小,使杂志名称的表现更加富有层次结构,如图5-94 所示。

封面中的文章标题整体采用居右对齐的方式进行排列,并且通过使用不同的字体大小、字体颜色和文字排版,使得文章标题的排版重点突出,具有层次感,如图 5-95 所示。

图 5-94　　　　　　　　　图 5-95

封底部分放置的是一个楼盘广告,楼盘广告通常是由投放者所提供的,该家装杂志封面的最终效果如图 5-96 所示。

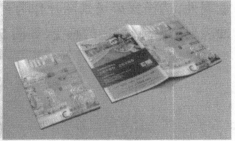

图 5-96

(四)对比分析

杂志封面版式设计是将文字、图形和色彩等进行合理安排的过程,其中文字占主导作用,图形和色彩等的作用是衬托封面。

1. 设计初稿

图 5-97

（1）将杂志的标题名称设置为绿色，与背景的黄色满版图片形成对比，但是绿色的文字效果在此处显得与背景图片不搭，无法体现出温馨、舒适的感觉。

（2）杂志标题名称使用中文与英文相结合，简单的横排方式虽然简洁，但是特点不突出。

（3）版面中所有的文章标题都使用相同的字体、字号和字体颜色，在版面中进行右对齐排列，无法体现出标题文字的层次感。

2. 最终效果

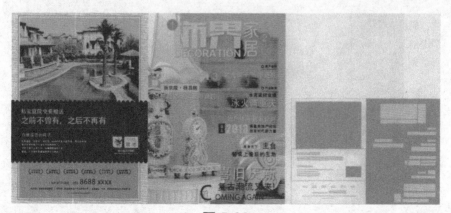

图 5-98

（1）将杂志的标题名称设置为浅黄色，与封面的满版背景图片保持一致的色调，统一的色调给人一种舒适和温馨的感受。

（2）杂志标题名称采用横排与竖排相结合的方式，并且标题名称使用了不同的字体，突出表现该杂志的特点。

（3）版面中的文章标题依然采用右对齐排列方式，但是为不同的文章标题设置了不同的字体大小和字体颜色，使得版面中文章标题文字的排版效果更具有层次感。

第六章　版式设计与网络媒介创意应用

网页不单是把各种信息简单地堆积起来能看或者表达清楚就行，还要考虑通过各种设计手段和技术技巧让受众能更多更有效地接收网站中的各种信息，从而对网站留下深刻的印象并催生消费行为，提升企业品牌形象。本章主要围绕网页版式的设计方法、色彩应用、风格确立等进行分析。

第一节　网页版式设计

网页版式设计是展示企业形象、介绍产品和服务，以及体现企业发展战略的重要途径。随着网络的普及，网页的版式设计越来越受到人们的重视。

一、什么是网页版式设计

作为上网的主要依托，网页由于人们频繁地使用网络而变得越来越重要，网页版式设计也得到了发展。网页讲究的是排版布局和视觉效果，其目的是提供一种布局合理、视觉效果突出、功能强大、使用更方便的界面给每一个浏览者，使他们能够愉快、轻松、快捷地了解网页所提供的信息。

网页版式设计是指在有限的屏幕空间里，将网页中的文字、图像、动画、音频、视频等元素组织起来，按照一定的规律和艺术化的处理方式进行编排和布局，形成整体的视觉形象，达到有效传递信息的最终目的。网页设计决定了网页的艺术风格和个性特征,并以视觉配置为手段影响着网页页面之间导航的方向性,以吸引浏览者的注意,增强网页内容的表达效果。如图 6-1 所示为设计精美的网页版式效果。

图 6-1

二、版式设计在网页中的作用

网页的基本功能就要尽可能地提供大量的信息给受众,这就难免会造成信息量过多造成的视觉混乱和阅读困难。文字、图片、动画,甚至音乐效果,如果不加以有秩序或规范地安排在网页上,就会让受众在浏览时造成许多不便。版式设计的作用就是将这些艺术表现手法通过有序、具有美感、整体协调的手段来使网页变得生动,浏览时令人感到画面的流畅感和阅读的愉悦感。需要注意的是,所有的艺术表现手法都应该做到主次有序,要突出版式所要强调的重点。同时,网页也应设计主题的效果来决定是否留白,并非把整个网页都塞满足够多的信息量就可以了,相反,留白的合理利用,可以让页面更加平衡,留白的部分不会让人感觉"空",反而会形成视觉的空间感(图 6-2)。

图 6-2

三、版式设计在网页中的价值

在网页的版式编排中,视觉流程和空间分割是支撑网页平面视觉元素组织的骨架,是相互融为一体的。视觉浏览的空间感和网页中动感互动的特殊性,构成了版式设计在网页中要考虑的因素,所以说版式设计可以决定一个网页最终的画面效果。好的版式设计可以在同类产品或服务中脱颖而出,成为众多网站中的首选。而好的版式设计就要有一定的视觉冲击力,紧扣内容主题,将艺术性和信息传播性在短时间内传达给浏览者。一个好的版式设计不仅能够提高版面的审美和观赏价值,而且有利于某网页主题信息的传递,加强浏览者对信息后续的视觉记忆和影响(图6–3)。

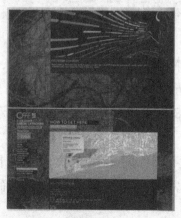

图 6-3

四、网页版面的尺寸

网页版式设计是以互联网为载体,以互联网技术和数字交互式技术为基础,依照客户的需求与消费者的需要设计有关商业宣传的网站,同时遵循艺术设计规律,实现商业目的与功能的统一,是一种商业功能和视觉艺术相结合的设计。

网页设计的版面尺寸没有固定的标准,和显示器的大小及分辨率有关,设计时需要根据具体情况而定。

屏幕分辨率直接决定了网页版面的显示尺寸。网页的局限性就在于无法突破显示器的范围,而且因为浏览器也将占去不少空间,留下的页面范围变得越来越小。

在设计网页版面时,布局的难点在于用户各自的环境是不同的。在不同的屏幕分辨率下看起来都很美观的网页版式设计是相当困难的,如图 6-4 所示为网页在不同分辨率下的显示效果。

1366×768 分辨率显示　　　　1024×768 分辨率显示

图 6-4

由于浏览器本身要占有一定的尺寸,所以在分辨率为 1366×768 像素的情况下,页面的显示尺寸为 1349×600 像素;在分辨率为 1024×768 像素的情况下,页面的显示尺寸为 1003×600 像素。

在网页版面设计中,向下拖动页面是给网页增加更多内容(尺寸)的方法。但需要提醒大家,除非能够确定页面内容能够吸引大家拖动,否则不要让访问者拖动页面超过 3 屏 ①。

五、网页版面的构成要素

与传统媒体不同,网页版面中除了文字和图像以外,还包含动画、声音和视频等新兴多媒体元素,更有由代码语言编程实现的各种交互式效果,这些元素极大地增加了网页版面的生动性和复杂性,同时也使网页设计者需要考虑更多的页面元素的布局和优化。

（一）文字

文字元素是信息传达的主体部分,从网页最初的纯文字版面发展至今,文字仍是其他任何元素所无法取代的重要构成。这首先是因为文字信息符合人类的阅读习惯,其次是因为文字所占存储空间很少,节省了下载和浏览的时间。

网页版面中的文字主要包括标题、信息、文字链接等几种主要形式,标题是内容的简要说明,一般比较醒目,应该优先编排。文字作为占据页面重要比重的元素,同时又是信息的重要载体,它的字体、大小、颜色和排列对页面整体设计影响极大,应该多花心思去处理。如图 6-5 所示是典型的以文字排版为主的网页版面。整个网页的图像修饰很少,但是文字分类条理清晰,并没有单调的感觉,可见文字排版得当,网页版面同样可以生动活泼。

（二）图形符号

图形符号是视觉信息的载体,通过精练的形象代表某一事物,表达一定的含义,图形符号在网页版面设计中可以有多种表现形式,可以是点,也可以是线、色块,或是页面中的一个圆角处理等。如图 6-6 所示为网页版面中的图形符号元素表现效果。

---

① 电脑屏幕一次显示的全部内容,称之为 1 屏。屏幕显示的范围大小与显示器大小、屏幕分辨率有直接的关系,分辨率越高,1 屏中显示的内容也就越多。

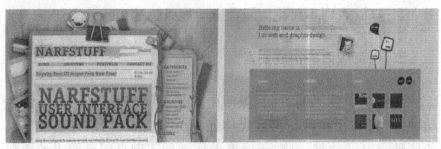

图 6-5

图 6-6

（三）图像

图像在网页版面设计中有多种形式，图像具有比文字和图形符号都要强烈和直观的视觉表现效果。图像受指定信息传达内容与目的约束，但在表现手法、工具和技巧方面具有比较高的自由度，从而也可以产生无限的可能性。网页版式设计中的图像处理往往是网页创意的集中体现，图像的选择应该根据传达的信息和受众群体来决定。如图 6-7 所示为网页版面中的图像创意设计表现。

图 6-7

（四）多媒体

网页版面构成中的多媒体元素主要包括动画、声音和视频，这些都是网页版面构成中最吸引人的元素，但是网页版面还是应该坚持以内容为主，任何技术和应用都应该以信息的更好传达为中心，不能一味地追求视觉化的效果。如图6-8所示为网页版面中多媒体元素的应用效果。

图 6-8

（五）色彩

网页版面中的配色可以为浏览者带来不同的视觉和心理感受，它不像文字、图像和多媒体等元素那样直观、形象，它需要设计师凭借良好的色彩基础，根据一定的配色标准，反复试验、感受之后才能够确定。有时候，一个好的网页版面往往因为选择了错误的配色而影响整个网页的设计效果，如果色彩使用得恰到好处，就会得到意想不到的效果。

色彩的选择取决于"视觉感受"。例如，与儿童相关的网站可以使用绿色、黄色或蓝色等一些鲜亮的颜色，让人感觉活泼、快乐、有趣、生气勃勃；与爱情交友相关的网站可以使用粉红色、淡紫色和桃红色等，让人感觉柔和、典雅；与手机数码相关的网站可以使用蓝色、紫色、灰色等体现时尚感的颜色，让人感觉时尚、大方、具有时代感。如图6-9所示为网页版面中的配色效果。

图 6-9

六、网页的视觉心理和阅读习惯

网页与传统的传媒传播途径有着本质的区别,是媒体数字化的一种崭新体验模式。网络媒体的诞生,颠覆了传统的单向传播信息的模式,网络的双向交流让信息的互动性和流通性作用发挥到极致。网页的视觉心理比传统的报纸、电视、广播等更具有强烈的个人自主性,受众可以根据自己的喜好和观看习惯来调整网页在浏览时的尺寸,更重要的是,网页版面的构成结合了动画设计、音频效果等互动性的多重感官表现形式,所以大多数受众在浏览网页的时候更偏向于强烈的视觉冲击力,以及听觉带来的音乐感受。

总而言之,网页的视觉心理主要与杂志、电视等的视觉心理需求一致,都是享受多种颜色、文字设计、图形运用的整体协调感官享受;对于阅读习惯,主要还是根据网页版式设计的不同而产生差异的,例如,序列结构就适合受众阅读大量而冗长的信息,因为这样的信息可以在阅读上给人饱和感和整体感;层次结构则更趋向于同时接受大量的信息而且不至于造成混乱;网状结构会使阅读的信息量变得更有条理;而复合结构的优点在于使内容信息量大,菜单结构复杂的网站结构变得更加合理,也是比较常用的网页布局类型。另一个优点就是,顶部的网站导航设计得非常简洁,下方的内容区域显得更加丰富、精彩。

七、网页版式设计原则

网页作为传播信息的一种载体,也要遵循一些设计的基本原则。但是,由于表现形式、运行方式和社会功能的不同,网页版式设计又有其自身的特殊规律。网页版式设计,是技术与艺术的结合,内容与形式的统一。

（一）以用户为中心

以用户为中心的原则实际上就是要求设计者要时刻站在浏览者的角度来考虑,主要体现在以下几个方面。

1.使用者优先观念

无论什么时候,不管是在着手准备设计网页版面之前、正在设计之中,还是已经设计完毕,都应该有一个最高行动准则,就是使用者优先。使用者想要什么,设计者就要去做什么。如果没有浏览者去光顾,再好看的网页版面都是没有意义的。

2.考虑用户浏览器

还需要考虑用户使用的浏览器,如果想要让所有的用户都可以毫无障碍地浏览页面,那么最好使用所有浏览器都可以阅读的格式,不要使用只有部分浏览器可以支持的 HTML 格式或程序技巧。如果想来展现自己的高超技术,又不想放弃一些潜在的观众,可以考虑在主页中设置几种不同的浏览模式选项(如纯文字模式、Frame 模式、Java 模式等),供浏览者自行选择。

3.考虑用户的网络连接

还需要考虑用户的网络连接,浏览者可能使用 ADSL、高速专线、小区光纤。所以,在进行网页版面设计时就必须考虑这种状况,不要放置一些文件量很大、下载时间很长的内容。网页版面设计制作完成之后,最好能够亲自测试一下。

（二）视觉美观

网页版面设计首先需要能够吸引浏览者的注意力，由于网页内容的多样化，传统的普通网页不再是主打的环境，Flash 动画、交互设计、三维空间等多媒体形式开始大量在网页版面设计中出现，给浏览者带来不一样的视觉体验，视觉效果增色不少，如图6-10 所示。

图 6-10

在对网页版面进行设计时，首先需要对网站页面进行整体的规划，根据信息内容的关联性，把页面分割成不同的视觉区域；然后再根据每一部分的重要程度，采用不同的视觉表现手段，分析清楚网页中哪一部分信息是最重要的，什么信息次之，在设计中才能给每个信息一个相对正确的定位，使整个网页结构条理清晰，并综合应用各种视觉效果表现方法，为用户提供一个视觉美观、操作方便的网页版面。

（三）主题明确

网页版面设计表达的是一定的意图和要求，有明确的主题，并按照视觉心理规律和形式将主题主动地传达给观赏者，以使主题在适当的环境里被人们及时理解和接受，从而满足其需求。这就要求网页版面设计不但要单纯、简练、清晰和精确，而且在强调艺术性的同时，更应该注重通过独特的风格和强烈的视觉冲击力来鲜明地突出设计主题，如图 6-11 所示。

图 6-11

网页版式设计属于艺术设计范畴,其最终目的是达到最佳的主题诉求效果。这种效果的取得,一方面要通过对网页主题思想运用逻辑规律进行条理性处理,使之符合浏览者获取信息的心理需求和逻辑方式,让浏览者快速理解和吸收;另一方面还要通过对网页构成元素运用艺术的形式美法则进行条理性处理,以更好地营造符合设计目的的视觉环境,突出主题,增强浏览者对网页的注意力,增进对网页内容的理解。只有这两个方面有机的统一,才能实现最佳的主题诉求效果,如图 6-12 所示。

图 6-12

优秀的网页版式设计必然服务于网站的主题,也就是说,什么样的网页应该有什么样的设计。例如,设计类的个人网站与商业网站的性质不同,目的也不同,所以评论的标准也不同。网页版式设计与网页主题的关系应该是这样的:首先设计是为主题服务的;其次设计是艺术和技术结合的产物,就是说,既要"美",又要实现"功能";最后"美"和"功能"都是为了更好地表达主题。当然,在某些情况下,"功能"就是主题,"美"就是主题。例如,百度作为一个搜索引擎,首先要实现"搜索"的"功能",它的主题就是它的"功能",如图 6-13 所示。而一个个人网站,可以只体现作者的设计思想,或者仅仅以设计出"美"的网页为目的,它的主题只有"美",如图 6-14 所示。

图 6-13　　　　　　　　　　　　　　图 6-14

只注重主题思想的条理性而忽视网页构成元素空间关系的形式美组合,或者只重视网页形式上的条理性而淡化主题思想的逻辑,都将削弱网页主题的最佳诉求效果,难以吸引浏览者的注意力,也就不可避免地出现平庸的网页版式设计或使网页版式设计以失败而告终。

一般来说,我们可以通过对网页的空间层次、主从关系、视觉秩序及彼此间的逻辑性的把握运用,来达到使网页版面从形式上获得良好的诱导力,并鲜明地突出诉求主题的目的。

（四）内容与形式统一

任何设计都有一定的内容和形式。设计的内容是指它的主题、形象、题材等要素的总和,形式就是它的结构、风格设计语言等表现方式。优秀的设计必定是形式对内容的完美表现。

一方面,网页版式设计所追求的形式美必须适合主题的需要,这是网页版式设计的前提。只追求花哨的表现形式以及过于强调"独特的设计风格"而脱离内容,或者只求内容而缺乏艺术的表现,网页版面设计都会变得空洞无力。设计师只有将这两者有机统一起来,深入领会主题的精髓,再融合自己的思想感情,找到一个完美的表现形式,才能体现出网页版面设计独具的分量和特有的价值。另一方面,要确保网页上的每一个元素都有存在的必要性,不要为了炫耀而使用冗余的技术,那样得到的效果可能会适得其反。只有通过认真设计和充分考虑来实现全面的功能并体现美感,才能实现形式与内容的统一,如图6-15所示。

图 6-15

网页版面具有多屏、分页、嵌套等特性,设计师可以对其进行形式上的适当变化以达到多变的处理效果,丰富整个网页版面的形式美。这就要求设计师在注意单个页面形式与内容统一的同时,也不能忽视同一主题下多个分页面组成的整体网站的形式与整体内容的统一,如图6-16所示。因此,在网页版式设计中必须注意形式与内容的高度统一。

图 6-16

（五）有机的整体

网页版面的整体性包括内容和形式上的整体性,这里主要讨论设计形式上的整体性。

网页是传播信息的载体,设计时强调其整体性,可以使浏览者更快捷、更准确、更全面地认识它、掌握它,并给人一种内部联系紧密,外部和谐完整的美感。整体性也是体现一个网页版面独特风格的重要手段之一。

网页版面的结构形式是由各种视听要素组成的。在设计网页版面时,强调页面各组成部分的共性因素或者使各个部分共同含有某种形式特征,是形成整体的常用方法。这主要从版式、色彩、风格等方面入手。在版式上对界面中各视觉要素全盘考虑,以周密的组织和精确的定位来获得页面的秩序感,即使运用"散"的结构,也要经过深思熟虑之后才决定;一个网站通常只使用两到三种标准色,并注意色彩搭配的和谐;对于分屏的长页面,不能设计完第一屏,再去考虑下一屏。同样,整个网站内部的页面,都应该统一规划,统一风格,让浏览者体会到设计者完整的设计思想,如图 6-17 所示。

图 6-17

从某种意义上讲,强调网页版面结构形式的整体性必然会牺牲灵活的多变性。因此,在强调页面整体性设计的同时必须注意,过于强调整体性可能会使网页版面呆板、沉闷,导致影响浏览者的兴趣和继续浏览的欲望。注意,"整体"是"多变"基础上的整体。

八、网页版式设计要点

从网页的设计布局上看,整个网页分为几个部分,每个部分都有不同的功能。中间部分基本上是以承载网页信息量的功能为主的,上边和左边、上边与下边、上左下、上下左右等四种网页信息放置方式都可以适合不同浏览者对于网页在浏览时的观感体验,在设计网页的时候要充分考虑到浏览者在操作鼠标、单击按钮等实际情况来设计网页的多样化和人性化。无论其中网页如何设计,页面都要保持总体的平衡,形式上要有很强的舒适浏览布局形式。

从网页的内容上看,所有网页的构成内容是文字、图片、符号、动画和按钮等,其中大多数以文字和图片为主,文字与图片结合的表现形式按照目前的网页设计趋势而言,已经基本上能够满足大众对浏览网页的美感要求(图 6-18)。

图 6-18

九、网页版式设计流程

网页版式设计是一个感性思考与理性分析相结合的复杂过程,对设计师自身的美感以及对版面的把握有较高的要求。网页版式设计的流程主要可以分为如下几个步骤。

(一)分析定位

这一阶段主要是根据客户的要求以及具体网站的性质来确定网页版面的设计风格,进行综合分析之后确定设计思路。

（二）设计构思

在了解了情况的基础上完成研究分析之后，就进入了设计构思的阶段。根据客户所提供的图片、文字、视频等内容进行大致位置的规划，设计网页版面布局。

（三）方案设计阶段

将研究分析的结果在电脑上呈现出来，这时往往会出现诸多在草图中无法暴露的问题，逐个进行分析解决。结合版面色彩、构图等因素综合考虑，制作出网页平面设计稿，供客户进行审核。

（四）网页切割

确定网页版面的设计方案之后，将版面中的图片进行合理切割，以保证最终网页的浏览速度。

（五）网页制作

当网页版面的所有设计程序完成之后，就进入到网页制作阶段，需要使用专业的网页制作软件（如 Dreamweaver）将网页设计稿制作成最终的网页。

十、影响版式可读性的原则

相对来说，使版式具有可读性很容易，只需要遵循一些关键的原则。一个具有可读性的网页将长久地吸引读者的目光，给予他们深刻的用户体验。网页设计的目的就是要使用户获得尽可能愉悦的体验。以下 10 项设计原则将帮助你设计出具有可读性的网页版式。

（一）易读的标题

标题是印刷版式、网页版式等中的核心要素之一，如上文阐述的,标题是文字层级的组成,也是浏览内容的重要部分。首先,标题文字的尺寸与正文文字的尺寸一样重要。标题设置得太大,用户阅读的时候就会感到不协调,他们的视线会被打断,从而失去阅读的目标。最终会毁掉内容的流畅性,干扰用户的阅读。若标题设置得太小,也会破坏文章的层级,分散用户的注意力。其次,在标题和正文间预留足够的空间也是很重要的。

（二）易于浏览的文本

我们已经多次提到了"易于浏览"这个词,你一定也在别的地方听到过。易于浏览的文本和具有可读性的文本之间有着密切的关联。要使文本易于浏览,就必须将标题、层级和焦点(用于引导用户)三者合理有效地结合起来。那么,到底怎样才能使文本易于浏览呢? 其中有许多要素,大部分上面已经提及。标题的尺寸和位置,正文的尺寸,文字的行高,文字对比以及区分焦点的方式,都会对文本的浏览产生影响。焦点是版面上的必要组成元素,它已吸引或打算吸引用户的注意力。焦点也许是标题图像,也许是按钮,等等。

（三）留白

版面以内容为重,而空白是为内容的可读性服务的。留白将大段的文字隔开,也会使用户的视线在文字间自如地穿梭。留白还将版面上的各个元素,如图片和文字隔开。在图6-19中,留白是用来分离文本元素的。版面看上去非常干净。也因为有了大片的留白,用户的视线才能轻松地在文本元素间跳转移动。

（四）一致性

一致性是一种增强可用性的重要技巧,设计师也将其运用到提升可读性中。要想让用户能更加轻松地阅读版面,保持层级的一致性是很重要的。这就意味着同级标题的尺寸、颜色和字体应该相同。例如,文章中所有的 H1 级标题看上去应当相同。为什么? 因为这将使读者在浏览文章的时候,能轻松找到相似的焦点。同时,一致性还能帮助你组织起版面的内容。

图 6-19

（五）文本密度

文本密度是指你在某个区域所放置的文字数量。标题(H1—H6)标签是指在网页 html 中对文本标题进行强调的一种标签,以标签 <H1><H2><H3> 到 <H6> 依次显示重要性的递减。一般来说,<H1> 用来修饰网页的主标题,<H2> 表示一个段落的标题,<H3> 表示段落的小节标题。内容的密度对其可读性有重要影响。密度与间距选项如行高、字距和字体大小有关。如果以上选项彼此之间达到平衡,使内容不至于太拥挤也不至于太宽松,那么这样的密度就是极佳的,就是易于浏览和具有可读性的。

（六）突出重要元素

另一个重点就是要在主体内容中强调特定元素。这包括突出链接,加粗重要文字以及显示引用文字。之前提到过,焦点在网页版式中是必不可少的。通过强调这些元素,你就能为用户提供焦点,而它们则将大段单调枯燥的文本分隔开,使文本易于浏览很重要。通过提供以上焦点,可使得正文特别易于浏览。将关键字行加粗,就能立即吸引用户的目光,也因此成为展示重要信息的有效手段。图 6-20 展示了一篇来自 UXBooth 的文章。这篇文章使用了粗体和斜体来突出重要元素。

图 6-20

这篇文章就易于阅读,能使读者轻松获取信息。

（七）组织信息

在文章中组织信息的方式会影响可读性。用户在一篇组织合理的文章中能轻松得到引导,进而顺利获取信息。这虽不是本文的讨论范围,但真的很重要。

（八）图形支持

正文都需要一些视觉图形的支持,如图片、按钮、图表或插图。在文章中放置图形并不是一件容易的事,必须在文字和图形间预留足够的空间。如果图形元素是一张图片,那么为了使它与文字泾渭分明,就需要一个干净的图片边框。边框能引导用户的视线,也能使版面别具风格。不过,保持文字框的简洁也很重要。它的色调应当柔和,而且边框也不宜太大。如果图形元素是图表或插图,我们只需使用空白作为隔离元素。内容应该干净而不受干扰地环绕在图形周围。

（九）使用分隔符

要将大片文字干净而有组织地分隔成段，使用分隔符是一种简单轻松的方式。它们可以分隔层级元素，如标题和正文；也可以对内容进行划分。分隔符最简单的形式就是一条直线。它最常用来分隔层级元素，同时也能作为版面上一种不明显的分隔元素，非常实用，对提高可读性也很关键。另一种分隔内容的常见方式就是使用方框。文字框可将一页上不相关的内容有效地分隔开。它能使用户在复杂的版面上聚焦视线。下页所示为Pixelamtor 的网页，它就是使用了方框将不同内容干净地分隔开。注意，这些方框是通过背景凸显的，而不是边框线。

（十）页边

常听人说不要将版面塞得太满，应保留适当的留白，这是为什么呢？留白实际上可以将用户的视线吸引到文字上，即迫使用户关注文字。因此留白将会影响内容的流畅度和可读性。页边就是最佳的留白元素之一，它能很好地支持文字元素。四条页边将迫使用户关注页面中间的中心内容（图 6-21）。

图 6-21

使用页边还有另外一个好处，它可以将版式的文字内容和其余设计内容分开。文字不应该渗入其他版面元素中，特别是当文字很多的时候。页边可使文字从其余版面元素中独立出来。

图 6-22 基于网格而设计,页边是唯一用来分隔正文文字的元素。最终我们得到一张干净、清晰而简洁的版面。

图 6-22

十一、提升版式设计的技巧

许多人包括设计师,觉得排版只不过就是选择字体、字号和字形。大多数人就止于这一步。但若要使版式设计臻于完美,要做的事却远不止这些。设计在于细节,而细节却是常常被设计师所忽视的。专注细节使设计师能掌控全局,创造更美观一致的版式设计。在不同类型的媒体中都能运用这些设计细节,但本文我们只专注于如何使用 CSS 将细节运用到网页设计中。下面介绍8 种使用 CSS 的简单技巧来帮你提升版式设计以及版式整体的可用性。

(一)行宽

行宽就是指一行字的长度。对读者来说,字行太长会导致眼睛疲劳,太短又容易分散注意力。过长的字行会使读者视线过于跳跃,难以落到下一行,从而破坏版式的韵律。值得注意的是,仅在文本字数很少的时候,才适合运用窄的行宽。为使读者获取最佳的阅读体验,一行字的字数应该在 40~80,包含空格。对于单栏设计,65 个字是理想的选择。

· 合适的行宽

Lorem ipsum dolor sit amet, consectetur adipiscing elit. Integer posuere orci quis ligula. Donec egestas massa vulputate nisl. Curabitur venenatis. Nullam egestas facilisis ante. Suspendisse tincidunt. Etiam vitae leo id mauris laoreet luctus cum sociis.

· 行宽过宽

Lorem ipsum dolor sit amet, consectetur adipiscing elit. Integer posuere orci quis ligula u. Donec egestas massa vulputate nisl. Curabitur venenatis. Nullam egestas facilisis anteiter. Suspendisse tincidunt. Etiam vitae leo id mauris laoreet luctus. Cum sociis natoque.

· 行宽过窄

Lorem ipsum dolor
sit amet, consectetur
adipiscing elit.
Integer posuere orci
quis ligula u. Donec
egestas massa
vulputate nisl.
Curabitur venenatis.
Nullam egestas
facilisis anteiter.
Suspendisse
tincidunt. Etiam
vitae leo id mauris
laoreet luctus. Cum
sociis natoque.

计算行宽的一个简单方法就是使用 Robert Bringhurst 的方法：行宽等于字号乘以 30。如果字号是 10px，行宽就是 300px，差不多就等于一行 65 个字。代码如下：

```
1  p {
2        font-size: 10px;
3        max-width: 300px;
4  }
```

这里使用 px（像素）做单位，是因为算起来更方便，当然使用 em[①] 做单位也是可以的。

---

① 一种 CSS 字体尺寸单位，1em=16px；如果将 em 换算后，1 em=10px。

（二）行高

行高是指正文字行间的距离,它极大地影响着版式的可读性。合适的行高使读者能轻松地阅读,并可改善文字版式整体的外观。行高还会改变版式的色彩和基调。行高受到多种因素的影响:字体、字号、字体粗细、字体样式、行宽、字距等。行宽越宽,行高就需越大。同理,字号越大,行高就需越小。在排版中,根据不同字体,设定行高比字号大 2 ～ 5px 是较为合理的。因此,在网页设计中,如果字体为 12pt,那么行高则最好设为 15pt 或16pt。

行高的设置需要一些技巧,可参照如下代码:

```
1    body {
2        font-family: Helvetica, sans-serif;
3        font-size: 12px;
4        line-height: 16px;
5    }
```

（三）引号的悬挂式排版

在正文的排版中,将引号"悬挂"至页边。如果不这样做,与正文齐平的引号将会打断左对齐的文字,干扰读者的流畅阅读。若将引号进行悬挂式排版,就会使左对齐的文字不被扰乱、保持原样,从而增强文本的可读性。在 CSS 中,通过 blockquote 命令,设计师可以轻松进行悬挂式排版。

```
1 blockquote {
2     text-indent: -0.8em;
3     font-size: 12px;
4 }
```

根据字体、字号和页边距的不同,悬挂式排版缩进的量也会相应变化。

（四）垂直的韵律

基线网格是网页上构成版式一致性的基础。它使读者的视线能在字行间轻松流畅地游走,还能增强可读性。网页上,所有的文字都存在于同一个网格中,这便构成了垂直方向的韵律,不管字号、行宽与行高如何变化,都能保持整个网页的比例和平衡。

为了在 CSS 中保持垂直的韵律,各元素间的距离以及行高都应该等于各基线之间的距离。例如,如果使用 15px 的基线网格,意思就是每条基线之间的距离是 15px,那么行高也应是 15px,各段之间的距离也应是 15px。代码如下:

```
1  body {
2      font-family: Helvetica, sans-serif;
3      font-size: 12px;
4      line-height: 15px;
5  }
6
7  p {
8      margin-bottom: 15px;
9  }
```

这将使每段文字都能与网格对齐,使文本保持垂直的韵律。

（五）结句和起承句

　　每段文字结尾的短句或词语就叫结句。而起承句,则是指在一栏文字中与其余段落分隔开的段首或段尾的短句或词语。结句和起承句会创建出参差不齐的字行,干扰读者的视线,影响文本的可读性。为了避免这种情况的发生,可采用调整字号、行高、行宽、字距、字母间距或输入手动换行符的办法。

遗憾的是,使用 CSS 排版时想要避免出现结句和起承句是很难的,一种解决方式是上面所提到的,还有一种解决方式就是使用 jQuery 插件—— iQwidon't,可在字行最后两个字之间插入不间断连字符。

（六）强调

在文字版式中,强调某些字词的同时又不打断读者的阅读是很重要的。而众所周知的理想强调方式就是使用斜体字。另一些常见的强调方式是：加粗、大写、小型大写、改变字号、字体颜色以及使用下划线和改变字体。不管你选用何种方式,都务必不要超过一种。对字体使用大写、加粗和斜体结合起来的强调方式只会破坏阅读的流畅度,而且看上去很不协调。

·不好

Lorem ipsum dolor sit amet, *CONSECTETUR ADIPISCING ELIT.* Integer posuere orci quis ligula. Donec egestas massa vulputate nisl. Curabitur venenatis. Nullam egestas facilisis ante. Suspendisse tincidunt. Etiam vitae leo id mauris laoreet luctus. Cum sociis natoque penatibus et magnis dis parturient montes, nascetur ridiculus mus. Nulla ac odio. Praesent bibendum justo

下面是一些在 CSS 中强调字句的不同方式：

```
1  span {
2      font-style: italic;
3  }
4
5  h1 {
6      font-weight: bold;
7  }
8
9  h2 {
10     text-transform: uppercase;
11 }
12
13 b {
14     font-variant: small-caps;
15 }
```

记住,仅当字体支持小型大写的变体时,字体变形的命令才能起作用。

（七）比例

无论是我们所熟悉的 16 世纪传统的印刷排版,还是如今的个性排版,都充斥着比例元素。比例是很重要的,因为它能创建出版式层级,不仅可提升文本的可读性,还可在字里行间制造出和谐感和凝聚力。

● 字体比例

Traditional typographic sale:··

● 传统字体比例

CSS 中定义的字体比例示例：

```
1  h1 {
2          font-size: 48px;
3  }
4
5  h2 {
6          font-size: 36px;
7  }
8
9  h3 {
10          font-size: 24px;
11  }
12
13  h4 {
14          font-size: 21px;
15  }
16
17  h5 {
18          font-size: 18px;
19  }
20
21  h6 {
22          font-size: 16px;
23  }
24
25  p {
26          font-size: 14px;
27  }
```

（八）对齐字行

当对段落使用左对齐或右对齐的对齐方式时，应确保字行边缘保持平整，不要凹凸不平。不平整的字行会扰乱读者的视线，分散读者的注意力，而适合阅读的段落则具有"柔和"的边缘，不会出现过长或过短的字行。这一点在 CSS 里无法自动控制，所以为了形成适合阅读的段落，必须对文本进行手动调整。

- 好

Lorem ipsum dolor sit amet, consectetur adipiscing elit. Integer posuere orci quis ligula. Donec egestas massa vulputate nisl. Curabitur venenatis. Nullam egestas facilisis ante. Suspendisse tincidunt. Etiam vitae leo id mauris laoreet luctus. Cum sociis natoque penatibus et magnis dis parturient montes, nascetur ridiculus mus. Nulla ac odio. Praesent bibendum justo id mauris.

- 不好

Lorem ipsum dolor sit amet, consectetur adipiscing elit. Integer posuere orci quis ligula. Donec egestas massa id mauris. Curabitur venenatis. Nullam egestas facilisis ante. Suspendisse tincidunt. Etiam vitae leo id mauris laoreet luctus. Natoque penatibus et magnis dis parturient montes, nascetur ridiculus mus. Nulla ac odio.

连字符有助于形成边缘平整的字行，可惜 CSS3 之前的版本并不支持。

当然，这也并非完全没有办法，有一些服务和客户端就可以解决连字符的问题，像 phpHyphenator、Hyphenator 和 online generators，都能自动设置连字符。

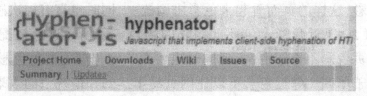

```
Hyphenator.js ...

• automatically hyphenates texts on websites if either the webdeveloper has
  any site.
• runs on any modern browser that supports JavaScript and the soft hyphen (
• automatically breaks URLs on any browser that supports the zero width spa
• runs on the client in order that the HTML source of the website may be serve
• follows the ideas of unobtrusive JavaScript.
• has a documented API and is highly configurable to meet your needs.
• supports a wide range of languages.
• relies on Frank M. Liangs hyphenation algorithm (PDF) commonly known from
• is free software licensed under GPL v3 at the moment. It will be put under LGF

Hyphenator.js does NOT ...

• give you control over how many hyphens you'll have as endings on consecutiv
• eliminate misleading hyphenation like 'leg-ends' (depending on the pattern qua
• work in Firefox 2 (but it works fine in Firefox >=3.0)
```

Hyphenator.js 是一个 Javascript 语言库，实现了网页的客户端自动添加连字符。

第二节 网页版式的色彩应用

一、网页色彩搭配

在网页设计中,色彩的搭配至关重要。单一的颜色运用会让人感觉网页单调、乏味;过多重复的颜色会让人产生视觉错乱感,乃至产生不安、厌恶、抵制等情绪。一个网站必须有一到两个主题色。当主题色确定好之后,考虑其他配色时,一定要慎重考虑其他配色与主题色在网页页面显示时的关系。

(1)同种色彩。在网页设计之前,选定一种符合网页主题的颜色,调整其透明度和饱和度,将色彩进行变淡或加深而产生新的色彩,这样的页面看起来色彩协调统一,同时也富有层次感。

(2)邻近色彩。色环上相邻的颜色。采用邻近色搭配可以使网页色彩不至于混乱,但同时也要在一定程度上避免色彩上风格过于单调。邻近色彩可以让网页易于达到和谐统一的效果。

(3)对比色彩。一般来说,色彩的三原色最能够体现色彩间的差异,色彩的强烈对比具有视觉诱惑力和冲击力,能够让浏览者在短时间内实现观感的享受。对比色可以突出重点,产生强烈的视觉效果。

（4）暖色色调搭配。红、黄、橙等色彩搭配，色彩功能主要为网页营造出稳定、热情、和谐的气氛。

（5）冷色色调搭配。与暖色色调相反，冷色色调为网页营造出宁静、清凉和高雅的感觉。通常与白色等颜色搭配起来一般会获得较好的视觉效果。

（6）有主色的混合色彩搭配。以一种色彩作为主要颜色，同色辅以其他颜色搭配，在网页中形成主次分明的色彩格调，缤纷而不会产生混乱的视觉感受，具有不俗的搭配效果。如果网页附有文字，文字的内容颜色就要与网页的背景色产生对比，底色深浅的衬托要明显。

作品名：DJ UKATEK WEBSITE

设计公司：projectGRAPHICS

这款作品为一个正在开业的俱乐部而设计，对设计的最终效果和重塑都采用与客户特点相近的灰色调，当改变颜色重塑的时候，设计的所有效果和普及程度都能够融入到这款新设计中（图6-23、图6-24、图6-25）。

图 6-23

图 6-24

图 6-25

二、网页安全色

网页的安全色全称是"216 种安全色",意思是指 216 种网页所能够提供的安全颜色,以保证网页的颜色能够正常显示。216 网页安全色是指在不同硬件环境、不同操作系统、不同浏览器中都能够正常显示的颜色集合,也就是说这些颜色在任何终端浏览用户显示设备上的实际显示效果都是相同的。所以,使用 216 网页安全色进行网页配色可以避免原有的颜色失真。

第三节 网页版式的风格确立

在大多数情况下,文本就是放置于普通纯色背景之上的文字。不复杂,却有效。但偶尔,文本也需要一些风格和装饰。也许是一个标题,也许是网页所采用的某种版式(相对于文章内容来说)。但不管是什么形式,保持可读性总是很重要的。当然,我们应当富有创造力,应当使用某些装饰风格,但版式必须易读,不然一切都会失去意义。

一、使用有创意的字体

要让版式别具风格,一个好方法就是除了使用标准字体以外,再使用一种充满创意的或者非常独特的字体。正文选用简单标准的字体虽然很重要,但未免过于沉闷,而其他文字使用更有创意的字体可为版式增添一点独特的意味。整个网页都使用单一的字体虽然具有可读性,但并不可取。

二、采用凸版印刷样式

另一种很常见的赋予网页版式风格的方法就是使用凸版印刷样式。如图 6-26 所示,这个页面使用了凸版印刷技巧,使版式看上去似乎具有深度,干净又好看,而且完全具有可读性。

图 6-26

三、赋予背景样式

为版式选择一个合适的背景,就和为文本选择字体样式一样重要。装饰正文的背景,其实正是在装饰文字。背景经过设计可能看上去很漂亮,但也可能降低可读性。这是个潜在的大问题,但要避免也是很容易的。

四、保证背景与文字的对比

首先,在保证可读性的前提下,保证背景与文字的对比是很重要的。对于背景,应该使用比文字更清淡柔和的颜色,这会让用户的目光聚焦在文字上而不受背景的干扰。

五、为背景添加纹理装饰

背景最好的方法就是为其添加一种好的纹理,这样既好看又不会削弱版式。图 6-27 是一个版式风格独特的暗色网页。版面有一个装饰性的背景,但与文字的对比还是很强烈。文字本身并不特别,但在背景的衬托下,就显得不一般了。

图 6-27

图 6-28 也说明了好的纹理可以为版式锦上添花。背景的纹理像帆布,而版式却呈现出水彩画的风格。

图 6-28

六、赋予链接样式

在大段的文字中,链接是一种焦点,得设法让它们脱颖而出。总之,让链接突出的最佳方式就是使用下划线,使用与正文不同的颜色、字体以及斜体。既可以全部使用，也可以只使用其中一种就能达到极佳的效果。图 6-29 中，链接文字就使用了下划线和不同的颜色。

图 6-29

参考文献

[1] 李雷,马靖.视觉传达设计探究 [M].北京:世界图书出版公司,2017.

[2] 代君阳.视觉传达设计基础(国际版第 3 版)[M].上海:上海人民美术出版社,2017.

[3] 善本图书.版式畅想 网页设计 [M].北京:电子工业出版社,2013.

[4] 宋刚.版式设计——设计师必备宝典 [M].北京:清华大学出版社,2017.

[5] (德)Smashing 杂志.众妙之门:网页排版设计制胜秘诀 [M].侯景艳,范辰,译.北京:人民邮电出版社,2013.

[6] 马丹.版式设计 [M].北京:龙门书局,2014.

[7] 度本图书.版式设计 2+:给你灵感的全球最佳版式创意方案 [M].欧阳慧,译.北京:中国青年出版社,2014.

[8] 周妙妍.版式设计从入门到精通 [M].北京:中国铁道出版社,2014.

[9] 艾青,陈林,毕丹.版式编排设计 [M].武汉:华中科技大学出版社,2014.

[10] 冯守哲,罗雪,曹英.版式设计 [M].沈阳:辽宁科学技术出版社,2011.

[11] 田中久美子,元弘始,林晶子,等.版式设计原理(案例篇):提升版式设计的 55 个技巧 [M].暴凤明,译.北京:中国青年出版社,2015.

[12] 许舒云,李冰.版式设计 [M].北京:清华大学出版社,2014.

[13] 张萌．版式设计 [M].北京：化学工业出版社,2013.

[14] 伊拉姆．网格系统与版式设计 [M]．王昊,译．上海：上海人民美术出版社,2013.

[15] 盛希希,康立影．版式设计 [M].北京：北京大学出版社,2013.

[16] 朴明姬．版式设计 [M].北京：人民美术出版社,2011.

[17]（日本）Designing 编辑部．版式设计：日本平面设计师参考手册 [M].周燕华,郝微,译.北京：人民邮电出版社,2011.

[18] 单莹莹．视觉传达设计 [M].北京：中国水利水电出版社,2010.

[19] 郭振山．视觉传达设计原理 [M].北京：机械工业出版社,2011.

[20]Sun Ⅰ视觉设计．版式设计原理 [M].北京：科学出版社,2011.

[21] 王延羽．视觉传达设计 [M].北京：中国轻工业出版社,2011.

[22] 赵竟,尹章伟．版式设计 [M].北京：化学工业出版社,2010.

[23] 余永海,周旭．视觉传达设计 [M].北京：高等教育出版社,2006.

[24] 周峰．版式设计 [M].北京：北京大学出版社,2009.

[25] 葛鸿雁．视觉传达设计原理 [M].上海：上海交通大学出版社,2010.

[26] 王同旭．版式设计 [M].北京：人民美术出版社,2010.

[27] 王汀．版式设计 [M].武汉：华中科技大学出版社,2011.

[28] 白利波,钟铃铃．版式设计 [M].武汉：华中科技大学出版社,2011.

[29] 潜铁宇,熊兴福．视觉传达设计 [M].武汉：武汉理工大学出版社,2008.

[30] 刘春明．版式设计 [M].成都：四川美术出版社,2011.

[31] 张志颖. 版式设计 [M]. 北京：化学工业出版社，2009.

[32] 王彦发. 视觉传达设计原理 [M]. 北京：高等教育出版社，2008.

[33] 宋青原，王俭. 版式设计 [M]. 合肥：合肥工业大学出版社，2009.

[34] 徐舰，杨春晓. 版式设计 [M]. 重庆：重庆大学出版社，2008.

[35] 佐佐木刚士. 版式设计原理 [M]. 武湛，译. 北京：中国青年出版社，2007.

[36] 佐佐木刚士. 版式设计全攻略 [M]. 暴风明，译. 北京：中国青年出版社，2010.

[37] 贺鹏，淡洁，黄小蕾. 版式设计 [M]. 北京：中国青年出版社，2012.

[38] 谭广超. 版式设计配色速查 [M]. 北京：电子工业出版社，2012.

[39] 张璇等. 字体与版式设计 [M]. 北京：清华大学出版社，2009.

[40] 曾希圣. 版式设计攻略——平面广告的视觉传达 [M]. 北京：清华大学出版社，2010.

[41] 黄建平，吴莹. 版式设计基础 [M]. 上海：上海人民美术出版社，2007.

[42] 李长春. 书籍与版式设计 [M]. 北京：中国轻工业出版社，2006.

[43] 李喻军. 版式设计 [M]. 长沙：湖南美术出版社，2009.

[44] 周雅琴. 字体与版式设计 [M]. 北京：清华大学出版社，2013.

[45]Sun I 视觉设计. 版式设计法则 [M]. 北京：电子工业出版社，2012.

[46]Eye4u 视觉设计工作室. 进阶理解版式设计 [M]. 北京：中国青年出版社，2009.